NATURA

Biologie für Gymnasien

bearbeitet von

Gabi Heidenfelder
Dr. Helmut Moßner
Stephan Oberkampf
Hede Rummey
Ulrich Sommermann
Gerhard Ströhla

Bayern 11

Ernst Klett Verlag
Stuttgart • Leipzig

1. Auflage 1 5 4 3 2 1 | 16 15 14 13 12

Alle Drucke dieser Auflage sind unverändert und können im Unterricht nebeneinander verwendet werden.
Die letzte Zahl bezeichnet das Jahr des Druckes.

Autorinnen und Autoren: Gabi Heidenfelder, Schaafheim; Dr. Helmut Moßner, Weißenhorn; Stephan Oberkampf, Niedernberg; Hede Rummey, Schaafheim; Ulrich Sommermann, Münchberg; Johann Staudinger, Augsburg; Gerhard Ströhla, Münchberg

Unter Mitarbeit von: Irmtraud Beyer, Dr. Horst Bickel, Jürgen Christner, Roman Claus, Claudia Dreher, Roland Frank, Harald Gropengießer, Gert Haala, Siegfried Kluge, Bernhard Knauer, Inge Kronberg, Hans-Peter Krull, Hans-Dieter Lichtner, Martin Lüdecke, Horst Schneeweiß, Dr. Jürgen Schweizer, Gerhard Ströhla, Wolfgang Tischer, Günther Wichert, Dirk Zohren

Redaktion: Olaf Bieck
Mediengestaltung: Ingrid Walter

Umschlaggestaltung: normaldesign GbR, Schwäbisch Gmünd
Illustrationen: Prof. Jürgen Wirth; Visuelle Kommunikation, Dreieich unter Mitarbeit von Matthias Balonier und Evelyn Junqueira
Reproduktion: Meyle + Müller, Medien-Management, Pforzheim
Druck: Druckhaus Götz GmbH, Ludwigsburg

Printed in Germany
ISBN 978-3-12-045562-2

9 783120 455622

Inhaltsverzeichnis

Ökologie

Basiskonzepte

•⊪• Dieses Symbol kennzeichnet fakultative Inhalte

Ökologie

Populationsdynamik

Immer wieder gibt es zwischen einzelnen Personen oder ganzen Nationen kriegerische Auseinandersetzungen. Unabhängig davon, aus welchen Gründen diese Konflikte auftreten, ein Faktor trägt auf unterschiedliche Weise immer dazu bei: das anhaltende Bevölkerungswachstum angesichts knapp werdender Ressourcen.

Die Bevölkerungsexplosion ist gegenwärtig das beachtlichste biologische Phänomen. Über sechs Milliarden Menschen auf der Erde benötigen Wasser, Nahrung, Rohstoffe, Energie und vor allem Platz.

Um die Problematik dieses Bevölkerungswachstums verstehen zu können, muss man die Dynamik von Populationen allgemein bewerten können. Ursachen für die Veränderung einer Population hinsichtlich ihrer Größe und Zusammensetzung müssen erkannt und richtig beurteilt werden.

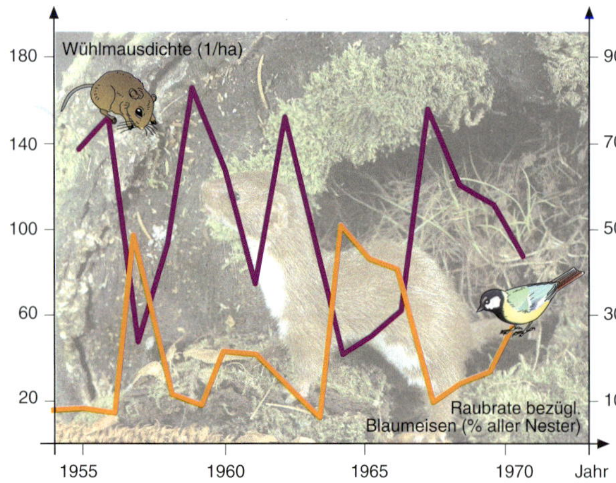

Der Mensch als Umweltfaktor

Ein Umweltfaktor wirkt auf Lebewesen entweder fördernd oder schädigend. Durch das rasante Anwachsen der Erdbevölkerung ist der Mensch zu einem bedeutenden Umweltfaktor geworden. Unsere fast uneingeschränkte Ausbreitung, unser zum Teil umweltzerstörendes, kurzsichtiges Handeln verändert die Biosphäre in einem zuvor nie dagewesenen Ausmaß.

Für die Zukunft kann eine Lösung der Probleme nur durch nachhaltige, umweltverträgliche Nutzung der Ressourcen erreicht werden.

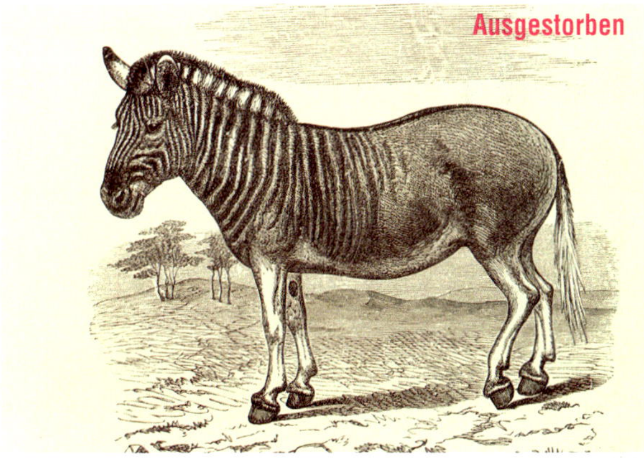

Biodiversität

Der Mensch hat häufig gewissenlos biologische Ressourcen ausgeraubt, unzählige Tier- und Pflanzenarten sind ausgestorben. War früher zumeist die Jagd Ursache der Ausrottung, sind heute die meisten Arten durch die Zerstörung ihrer Lebensräume bedroht.

Artenvielfalt beeinflusst auch die Stabilität eines Ökosystems. Durch eine abnehmende Diversität sind weniger Vernetzungen zwischen den Arten möglich und verändernde Einflüsse werden schlechter abgepuffert. So wird ein Ökosystem empfindlicher gegenüber Störungen.

Online-Link
045570-0074

Land	Bevölkerung insgesamt (Millionen)			Bevölkerung Mitte 2008	Wachstumsrate pro Jahr (2008)
	1980	2005	2030		
Äthiopien	37,138	78,986	137,052	79,1	0,025 (2,5%)
Brasilien	121,615	186,831	236,480	195,1	0,013 (1,3%)
Deutschland	78,289	82,652	79,348	82,2	-0,002 (-0,2%)
Japan	116,807	127,897	118,252	127,7	-0,0 (-0,0%)

1 Bevölkerungsentwicklung einzelner Länder

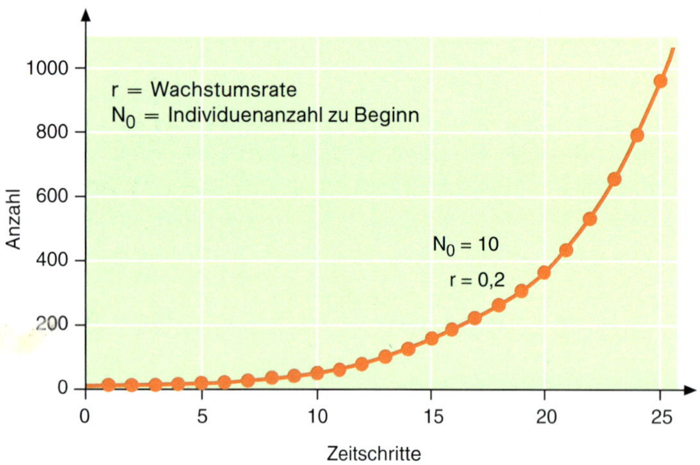

2 Exponentielles Wachstum

3 Logistisches Wachstum

Wachsende Populationen

In jeder Population verändern sich die Individuenzahlen ständig durch Geburten und Sterbefälle sowie durch Zu- oder Abwanderung. Die Populationen wachsen oder werden kleiner. Ein unbegrenztes Wachstum ist aufgrund endlicher Ressourcen offensichtlich unmöglich. Dies gilt ebenso für Menschen. Für alle Nationen ist es daher wichtig, ihre Bevölkerungsentwicklung einschätzen zu können, um Maßnahmen für die zukünftige Versorgung frühzeitig treffen zu können. Vermutlich ist nur der Mensch in der Lage, solche begrenzenden Faktoren über seinen Intellekt bewusst zu steuern oder wenigstens zeitaufschiebend zu manipulieren.

Vergleicht man die Veränderungen zweier Populationen im Laufe mehrerer Jahre, so zeigt sich ein unterschiedlicher Zuwachs. Die absoluten Veränderungen sind jedoch wenig aussagekräftig, denn sie beziehen sich auf verschiedene Ausgangswerte. Besser geeignet sind daher Werte der relativen Veränderungen. Sie werden *Wachstumsraten* genannt (Abb. 1). In vielen Ländern weist die menschliche Bevölkerung jährliche Wachstumsraten zwischen 0,01 (1%) und 0,03 (3%) auf, in manchen Ländern, wie z. B. in Deutschland, ist die Wachstumsrate negativ, das bedeutet eine Abnahme der Bevölkerung im angegebenen Zeitraum.

Exponentielles Wachstum

Um die zukünftige Bevölkerungsentwicklung berechenbar zu machen, konstruiert man aus derartigen Daten ein mathematisches Modell, das die dahinterstehenden Gesetzmäßigkeiten erfasst. Eine erste Näherung stellt das Modell des *exponentiellen Wachstums* dar (s. Abb. 2). Zuwanderung und Abwanderung werden aus Gründen der Vereinfachung im Modell nicht berücksichtigt. Es nimmt außerdem unbegrenztes Wachstum an und verwendet konstante Geburten- und Sterberaten und damit eine unveränderliche Wachstumsrate. Das exponentielle Wachstum stellt das einfachste Modell zur Darstellung von Populationsentwicklungen dar.

Bei Mehlkäfern kann man beobachten, dass unter Laborbedingungen das Populationswachstum mit der Verknappung der Ressourcen zum Stillstand kommt, die Anzahl bzw. *Dichte* (Individuenzahl pro Fläche) nimmt nicht weiter zu. Dies entspricht aber nicht dem exponentiellen Wachstum, das ja sehr vereinfachend unbegrenztes Wachstum annimmt. Das Modell des exponentiellen Wachstums wird daher durch ein entsprechend weiterentwickeltes Modell, in dem logistische Wachstumskurven abgespeichert werden können, ersetzt.

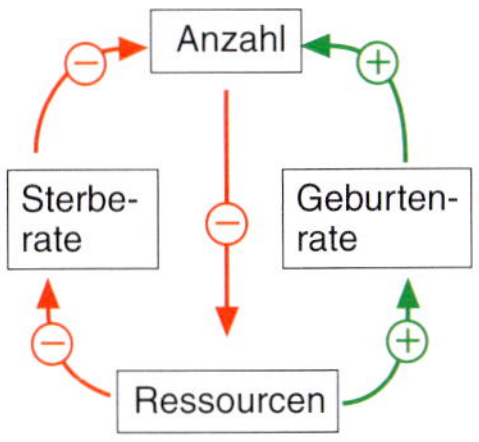

Logistisches Wachstum

Die Wachstumsrate wird beim exponentiellen Wachstum als konstant angesehen. Sie muss aber veränderlich sein und mit zunehmender Populationsgröße abnehmen, wie der Mehlkäfer-Versuch verdeutlicht. Beobachtungen an realen Populationen zeigen, dass die Wachstumsrate im Wesentlichen von der Versorgung mit Ressourcen abhängt. Allgemein gilt, dass mit zunehmender Populationsgröße der Ressourcenanteil für jedes einzelne Individuum abnimmt, was u. a. eine geringere Fruchtbarkeit zur Folge hat.

Die Geburtenrate nimmt ab, während gleichzeitig die Sterberate zunimmt. Eine Population wächst, solange die Geburtenrate größer ist als die Sterberate. Bei einer bestimmten Individuenanzahl werden beide gleich groß: Das Populationswachstum kommt zum Stillstand. Diese Anzahl wird „Umweltkapazität" (K) genannt; sie gibt an, wie viele Individuen in einem Lebensraum maximal leben können. Diese Annahme enthält das Modell des logistischen Wachstums (s. Abb. 6.3) (▶ s. S. 35).

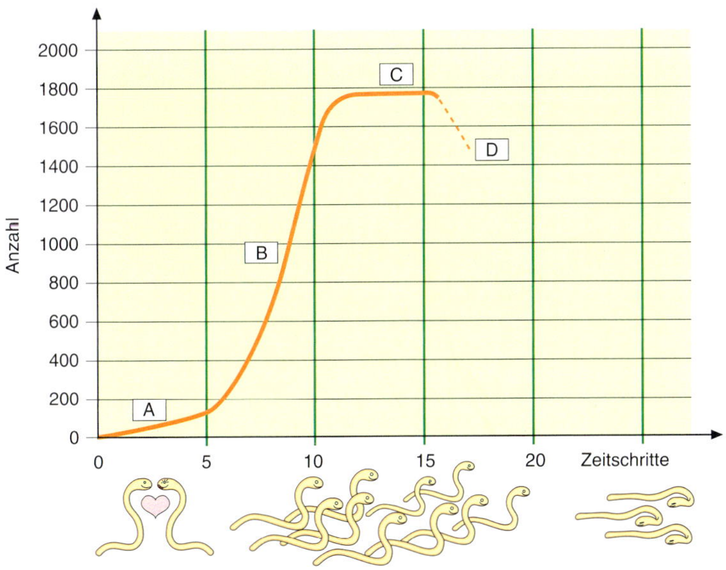

1 Wachstumskurve einer Laborkultur

Entwicklung einer neu gegründeten Population

Eine Population von Mikroorganismen in kleinen Laborkulturen zeigt annähernd diese Entwicklungsphasen (Abb. 1) (▶ s. S. 35).

Zu Beginn des Experimentes, in der *Anlaufphase* (A) passen die wenigen Individuen ihren Zellstoffwechsel auf das Nährmedium an. Das benötigt eine gewisse Zeit, in der die Wachstumsrate entsprechend noch sehr klein ist.

Danach wächst in der *Vermehrungsphase* (B) die Population exponentiell. Man kann einen explosionsartigen Anstieg der Individuenzahl beobachten. Alle lebensnotwendigen Ressourcen stehen den einzelnen Individuen in ausreichenden Mengen zur Verfügung. Die Geburtenrate ist bei Weitem größer als die Sterberate.

Aufgrund der Verknappung der Ressourcen kommt es dann in der *Stationären Phase* (C) zum Stillstand des Populationswachstums. Es besteht ein Gleichgewichtszustand, bei dem nun die Geburtenrate gleich der Sterberate ist. Damit ist die Umweltkapazität erreicht. Diese Populationsgröße kann in Laborkulturen zum Beispiel von der Verknappung der Nahrung oder der Anhäufung giftiger Stoffwechselprodukte bestimmt werden.

Wird die Sterberate größer als die Geburtenrate, beginnt die *Absterbephase* (D). Die Populationsgröße sinkt, im Extremfall geht sie gegen Null. Das bedeutet, die Population stirbt ab.

Aufgaben

① Berechnen Sie die Bevölkerungszahl der Länder (Abb. 6.1) für das aktuelle Jahr und vergleichen Sie Ihre Ergebnisse mit aktuellen Angaben aus dem Internet. Nehmen Sie vereinfachend exponentielles Wachstum an.

② Ein Bakterium verdoppelt sich alle 20 Minuten. 10^{12} Bakterien wiegen 1 g. Berechnen Sie unter diesen Voraussetzungen, wie groß die Individuenzahl nach 48 Stunden ist und welche Masse sie auf die Waage bringt.

③ Nennen Sie drei abiotische Faktoren (▶ s. S. 35), die einen Einfluss auf eine Population von Mikroorganismen in kleinen Laborkulturen ausüben konnten und erläutern Sie ihre Wirkung.

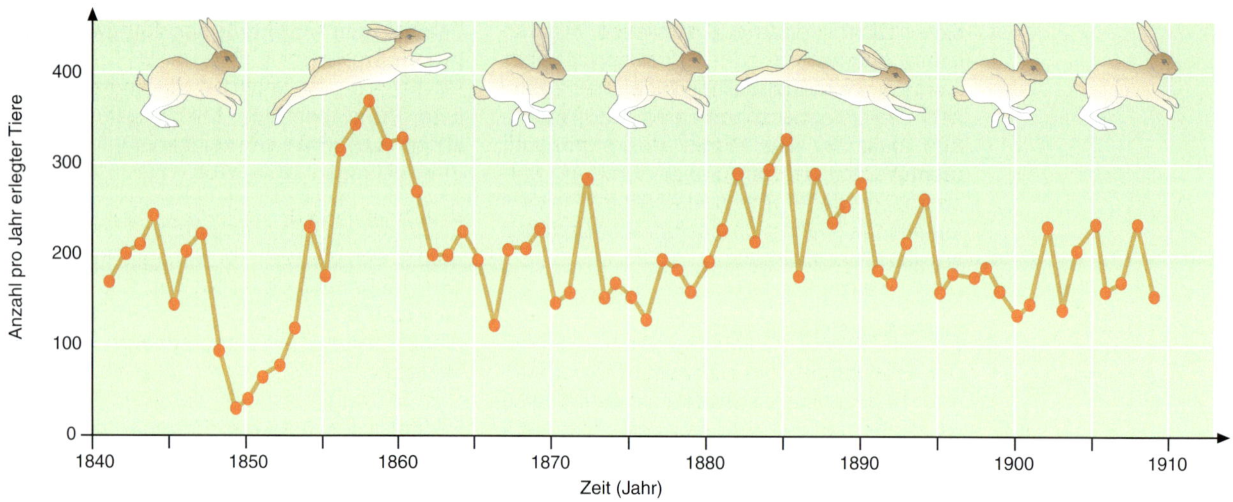

1 Hasenpopulation in Liechtenstein, gemessen als Anzahl pro Jahr erlegter Tiere

Populationsdichten verändern sich

Verfolgt man die Individuenzahlen in einer Population, wie z. B. bei Hasen (s. Abb. 1), über mehrere Jahre, so kann man deutliche Schwankungen feststellen. Populationsgrößen sind allgemein nicht konstant. Die ursächlichen Faktoren für diese Schwankungen lassen sich im Wesentlichen in zwei Gruppen einteilen, in *dichteunabhängige* und *dichteabhängige Faktoren*.

Dichteunabhängige Faktoren

Zum einen kann es sich dabei um Katastrophen oder ungünstige Bedingungen handeln, die viele Individuen nicht überleben. Kühle und feuchte Witterungsbedingungen im Frühjahr lassen viele Jungtiere der Hasen erfrieren und bedingen zusätzlich ein schlechtes Wachstum ihrer Nahrungsressourcen, sodass die Versorgung aller Individuen abnimmt. Unter solchen Bedingungen wächst die Population nicht oder nimmt sogar ab. Andererseits können in feuchten und warmen Sommern besonders gute Bedingungen herrschen, sodass viele Ressourcen vorhanden sind und eine gute Versorgung gegeben ist. Viele Nachkommen und erwachsene Tiere überleben dann und die Population nimmt stark zu.

In derartigen Fällen hat die aktuelle Individuendichte keinen Einfluss auf die Populationsschwankungen, die Ursachen liegen außerhalb der Population. Diese dichteunabhängigen, unregelmäßigen Schwankungen der Populationsgröße werden *Fluktuationen* genannt.

Dichteabhängige Faktoren

Bei anderen, meist regelmäßigen Schwankungen besteht ein Zusammenhang mit der Größe der eigenen oder anderer Populationen (Abb. 2). Solche regelmäßigen Schwankungen werden *Oszillationen* genannt. Verschiedene Ursachen können ihnen zugrunde liegen.

Die Individuen einer Population können beispielsweise ihre Ressourcen aufbrauchen. In der Zeit, die zu deren Regeneration erforderlich ist, bricht die Population zusammen. Nach Erneuerung der Ressourcen kann die nun kleine Population erneut anwachsen und der Ablauf wiederholt sich regelmäßig.

Fluktuationen
unregelmäßige Dichteschwankungen

Oszillationen
regelmäßige Dichteschwankungen

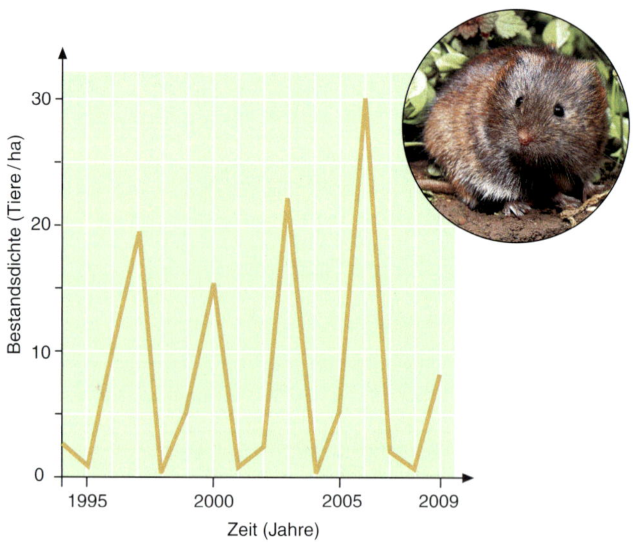

2 Oszillierende Wühlmauspopulation

Entscheidend für die Zykluslängen ist dabei einerseits, wie gut eine Population mit knappen Ressourcen überleben kann, und andererseits, wie schnell sich diese erneuern. Nahrung oder Trinkwasser sind z. B. dichtebestimmende Ressourcen, sie werden bei großen Populationsdichten nicht nur knapper, sondern sind durch Kot und Urin oft verschmutzt und dadurch unbrauchbar oder toxisch.

Auch Infektionskrankheiten können Dichteschwankungen verursachen. Mit zunehmender Populationsdichte wird eine Ansteckung immer wahrscheinlicher, Infektions- und Sterberate steigen, die Individuenzahl sinkt. Besonders bei Wirbeltieren verursacht eine hohe Populationsdichte und gedrängtes Zusammenleben psychischen Stress und kann zu Aggressivität und Unfruchtbarkeit führen.

Analysiert man die Schwankungen natürlicher Populationen, so zeigt sich, dass in allen Fällen dichteunabhängige und dichteabhängige Faktoren gleichzeitig und in unterschiedlicher Stärke wirksam sind.

Dichteeinflüsse mit Zeitverzögerung

Nicht jede Ressourcenverknappung wirkt sich sofort auf die Geburten- und Sterberate aus. Die Dichte einer Art, die wie die Wühlmaus Nahrungsvorräte anlegt, also Ressourcen speichert, wird erst mit einer zeitlichen Verzögerung sinken. Auch bei Insekten mit vollkommener Metamorphose lässt sich diese Zeitverzögerung beobachten: Fehlt die Wirtspflanze einer Raupe, wird sich das auf die Dichte der Falter zunächst nicht auswirken, denn sie ernähren sich von Nektar. Erst die in der nächsten Saison schlüpfenden Raupen sind betroffen.

Zettelkasten

Ursachen von Oszillationen: Experimente mit dem Großen Wasserfloh

Populationen des *Großen Wasserflohs (Daphnia magna)* wurden in 50 ml Wasser gehalten und regelmäßig mit gleicher Futtermenge versorgt. Die täglichen Geburten und Sterbefälle wurden ausgewertet und jeweils die aktuelle Populationsgröße ermittelt. Zwei Populationen wurden im Experiment bei verschiedenen Temperaturen gehalten (18 °C und 25 °C). Im Ergebnis zeigten sich deutliche Unterschiede zwischen den Versuchsansätzen.

Die bei niedrigen Temperaturen gehaltene Population erreichte nach einer Wachstumsphase eine etwa gleich bleibende Populationsgröße (ca. 120 Individuen). Der Wachstumsverlauf entsprach annähernd logistischem Wachstum. Bei höheren Temperaturen zeigten sich unter ansonsten gleichen Bedingungen deutliche Schwankungen. Aus den ebenfalls ausgezählten Geburtenzahlen und Sterbefällen ergeben sich mögliche Erklärungen für die beobachteten Unterschiede.

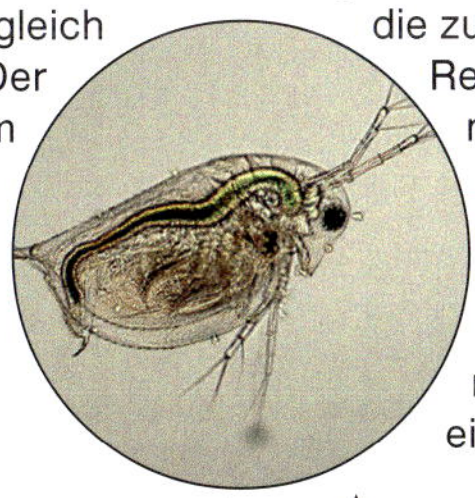

Im kühleren Gefäß verlaufen Stoffwechselprozesse langsamer (RGT-Regel). Verbrauch und Verwertung der Ressourcen erstrecken sich über einen längeren Zeitraum und so verlaufen Geburten und Sterbefälle weitgehend gleichmäßig und parallel; die Population bleibt annähernd konstant.

Im wärmeren Gefäß verlaufen dagegen alle Prozesse schneller. Rasche Ressourcenaufnahme steigert kurzzeitig die Geburtenrate und senkt die Sterberate, die beide damit nicht mehr gleich verlaufen. Es kommt zu einer Wachstumsphase, die zu höherem Verbrauch führt und letztlich in einer Ressourcenknappheit endet. Die Geburten nehmen daraufhin ab, die Sterbefälle nehmen zu und die Population wird wieder kleiner. Im Experiment scheint sich eine dritte Phase anzuschließen, in der möglicherweise der bakterielle Abbau der toten Daphnien und damit eine Selbstreinigung erfolgt, bis ein erneutes Wachstum einsetzen kann.

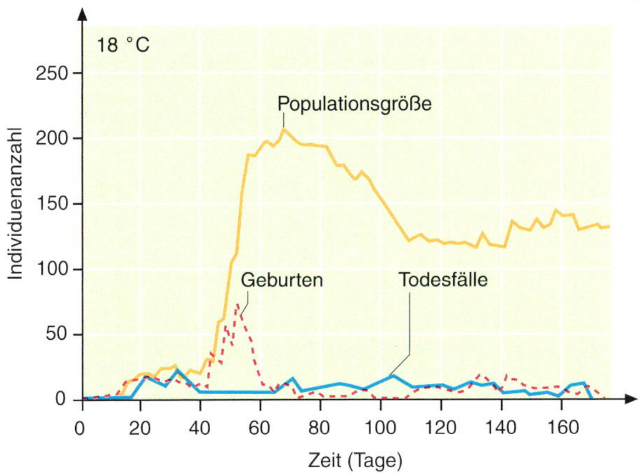

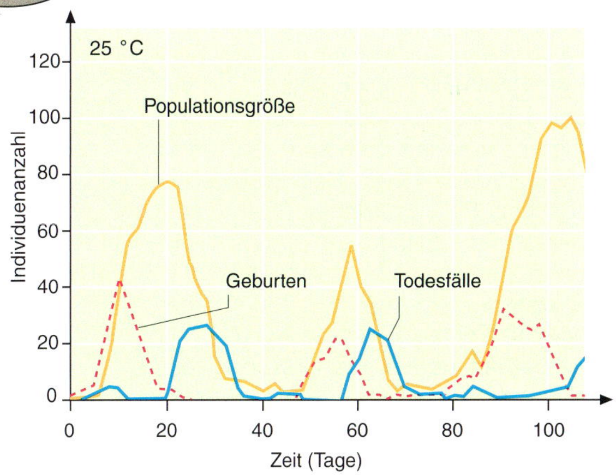

Einfluss biotischer Umweltfaktoren

Es gibt eine Reihe von Faktoren, die die Entwicklung von Populationen beeinflussen. Biotische Umweltfaktoren sind Einflüsse, die von Artgenossen oder artfremden Individuen ausgehen.

Zwischenartliche Konkurrenz

Im Jahre 1934 führte der russische Biologe GEORGIJ F. GAUSE Laborexperimente mit den Paramecien-Arten *P. aurelia* und *P. caudatum* durch. Er fütterte die Paramecien mit Hefezellen und Bakterien. In isolierten Kulturen ließen sich von beiden Arten stabile Populationen züchten. Bei gemeinsamer Kultur verschwand dagegen nach einiger Zeit stets die Art *P. caudatum*.

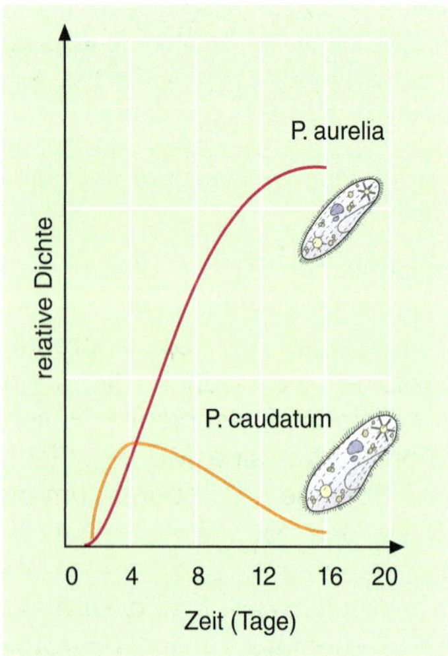

In dem Experiment standen beiden Paramecien-Arten dieselben Nahrungsressourcen zur Verfügung. Es herrschte also starke *zwischenartliche Konkurrenz*. Die verfügbaren Ressourcen bestimmen die Umweltkapazität einer Art. Konkurrierende Arten vermindern die Umweltkapazität der jeweiligen anderen Art. Für die stärker betroffene Art führt dies zu einer Abnahme der Population, während die andere Population noch wachsen kann. Auf längere Sicht wird daher die stärker betroffene Population verschwinden bzw. durch die Konkurrenz verdrängt *(Konkurrenzausschlussprinzip)*.

Symbiose

In Vesikeln des Einzellers *Paramecium bursaria* können zahlreiche Grünalgen der Gattung *Chlorella* leben.

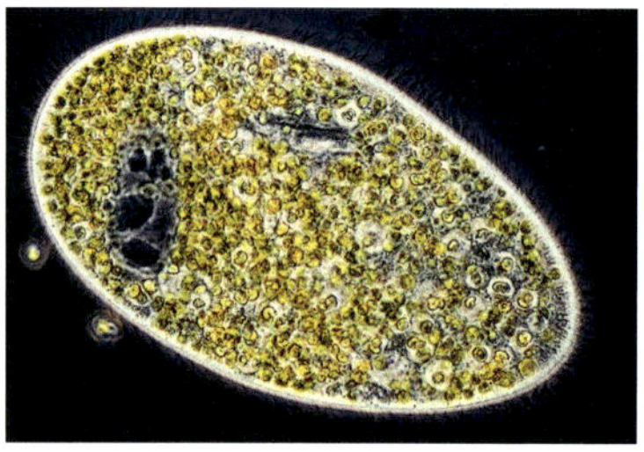

Die Algen vermehren sich innerhalb des Einzellers, der ihnen einen gewissen Schutz, etwas Mobilität, vor allem aber eine hohe Mineralstoff- und Kohlenstoffdioxidkonzentration bietet. Auch die Einzeller profitieren von den Algen: Ist organische Nahrung *(Detritus)* für sie knapp, beziehen sie Vitamine und Nährstoffe aus den Algen.

Eine solche zwischenartliche Beziehung mit gegenseitigem Nutzen wird Symbiose genannt.

Alle Arten der Gattung Paramecium strudeln kleine Nahrungspartikel über ihr Mundfeld ein. Dort werden sie in Nahrungsvakuolen übernommen und verdaut. Ähnlich kann *P. bursaria* Chlorella-Algen aufnehmen, verdaut diese jedoch nicht automatisch. Wenn allerdings die Nahrungsbedingungen für *P. bursaria* schlecht werden, verhält sich der Einzeller wie seine Verwandten. Er verdaut die Algen und ernährt sich so von ihnen. Offensichtlich hat *P. bursaria* im Verlauf der Evolution die Fähigkeit erworben, die Abgabe der Verdauungsenzyme zu steuern. Das Beispiel zeigt, dass Symbiose keineswegs immer ein friedliches Miteinander darstellt, sondern oft eher als *Kampfgleichgewicht* betrachtet werden kann. So leben nur bestimmte Chlorella-Arten in *P. bursaria*, andere werden als Nahrung verdaut. Das wiederum deutet darauf hin, dass diese Algenart eine gewisse Resistenz gegen die Verdauung durch *P. bursaria* erworben hat.

Räuber und Beute

Die Maus ist für den Bussard eine Beute, der Bussard für die Maus ein Fressfeind oder Räuber. Bussard und Maus sind ein Beispiel für eine *Räuber-Beute-Beziehung*.

Für einen Räuber ist die Beute eine notwendige Nahrungsressource. Für eine Beute stellt der Räuber eine Bedrohung dar, die ihr Leben gefährdet und die Sterberate der Population erhöht.

Die Populationen von Räuber und Beute beeinflussen sich daher gegenseitig. Viele Gesetzmäßigkeiten von Räuber-Beute-Beziehungen treffen nicht nur auf bekannte Beispiele wie Bussard und Maus zu, sondern lassen sich auch bei Pflanzenfressern und ihren Nahrungspflanzen *(Pflanzen-Weidegänger-Beziehung)* wiederfinden. Entsprechendes gilt sogar für Parasiten und ihre Wirte *(Wirt-Parasit-Beziehung)*. Deshalb werden sie im weiteren Sinn ebenfalls zu den Räuber-Beute-Beziehungen gerechnet.

Einen groben Überblick über die Einflüsse von biotischen Umweltfaktoren gibt die folgende Grafik. Die zwei Populationen, die miteinander in Beziehung stehen, werden mit A und B bezeichnet. '+' steht für eine positive, '–' für eine negative Wirkung, die eine Population auf die andere hat.

	Wirkung von A auf B	Wirkung von B auf A
Parasitismus	⊕	⊖
Räuber/Beute	⊕	⊖
Symbiose	⊕	⊕
Konkurrenz	⊖	⊖

K- und r-Fortpflanzungsstrategie

r = Wachstumsrate

K = Umweltkapazität

Organismen, die viele Nachkommen haben, dafür aber eine kurze Generationsdauer besitzen, bezeichnet man im Allgemeinen als **r-Strategen** (▶ s. S. 35). Zusätzlich ist die Sterberate bei diesen Lebewesen in jeder Altersphase hoch. Ihre Populationen weisen hohe Wachstumsraten auf, da sie kurzzeitig vorhandene Ressourcen schnell nutzen können. Die Bestandsdichte oszilliert deshalb sehr stark.

Dagegen sind Lebewesen, die ihre Biomasse in die Sicherung der eigenen Existenz und der ihrer Nachkommen investieren (z. B. Nährstoffspeicherung, Brutpflege, Resistenz gegen Umwelteinflüsse uvm.), durch dieses *Investment* konkurrenzstark und langlebig. Die Populationsgröße solcher Arten bewegt sich nahe der durch die Ressourcen begrenzten Umweltkapazität K; sie werden deshalb **K-Strategen** (▶ s. S. 35) genannt.

Die zwei Strategien, die hier als gegensätzlich gegenübergestellt werden, sind als relativierende Begriffe zu verstehen. Es lassen sich zwischen r- und K-Strategen alle Übergänge finden. Die einem Lebewesen zur Verfügung stehende Energie ist begrenzt. Die Investition in Strukturen, die die Konkurrenzstärke erhöhen, hat zur Folge, dass weniger Energie in die Fortpflanzungsorgane und die Zahl der Nachkommen investiert wird.

Die optimale Strategie zum Überleben von Populationen hängt wesentlich von der Konstanz der Lebensbedingungen ab. So findet man an einem See mit gleichbleibenden Lebensbedingungen viele K-Strategen. Der Schwarzstorch oder der Haubentaucher (s. Abb. 1), die beide intensive Brutpflege betreiben, sind typische Vertreter.

1 Haubentaucher mit Jungen in einem See

Der Grasfrosch – ein weiterer Bewohner des Sees – ist verglichen mit dem Haubentaucher eher als r-Stratege zu bezeichnen. Das Weibchen legt etwa 4000 Eier mit geringem Nahrungsvorrat im Dottersack, es findet keine Brutpflege statt. Die meisten Kaulquappen erreichen nicht das Imagostadium.

Eine Pfütze existiert nur kurze Zeit; sie wird hauptsächlich von typischen r-Strategen wie Einzellern und Wasserflöhen (s. Abb. 2) besiedelt. Die Weibchen der Wasserflöhe pflanzen sich im Frühjahr und Sommer eingeschlechtlich ohne Befruchtung fort. Genetisch betrachtet sind diese Wasserflöhe also Klone mit identischem Erbgut. Da es keine Larvenstadien gibt, ist die Generationsdauer extrem kurz, die Wachstumsrate entsprechend sehr hoch. Innerhalb weniger Wochen kann die Population auf über tausend Individuen anwachsen.

2 Wasserflöhe in einer Pfütze

Auch menschlicher Einfluss kann für die optimale Strategie bestimmend sein. So erlaubt die hohe Samen- oder Sporenproduktion von pflanzlichen r-Strategen die schnelle Besiedelung eines Kahlschlages. Beispiele solcher Pionierarten sind Moose, Flechten und Gräser. Solange der Lebensraum durch den Einfluss des Menschen relativ konkurrenzarm ist, siedeln sich Sträucher und Bäume, wie Weiden, Birken und Pappeln an. Diese zählen ebenfalls zu den r-Strategen. Bleibt die Fläche jedoch ungestört, werden sich langfristig Bäume wie die Buche oder Eiche durchsetzen, die besonders ausgeprägte K-Strategen sind und Jahrhunderte überdauern können.

Land	1990 – 1992	2003 – 2005	2007
Lateinamerika	53	45	51
Asien, Pazifik	582	542	583
Schwarzafrika	169	212	236
Nahost, Nordafrika	19	33	37
Entwickelte Länder	19	16	16
Welt	842	848	923

1 Anzahl chronisch unterernährter Personen (in Millionen)

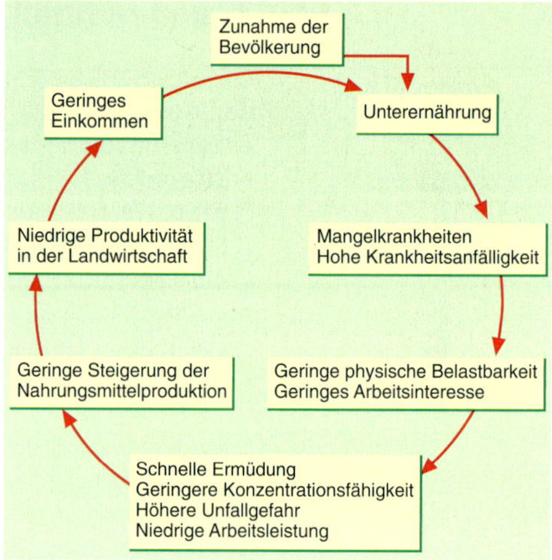

2 Teufelskreis der Armut

Weltbevölkerung und Ressourcen

Weltbevölkerung:
1804: 1 Mrd.
1927: 2 Mrd.
1974: 4 Mrd.
2025: ca. 8 Mrd.
(UN-Schätzung)

Man sprach lange Zeit von einem *superexponentiellen* Wachstum (▶ s. S. 35) der Weltbevölkerung, da die Verdopplungszeit rapide abnahm (s. Randspalte). Seit 2008 teilen sich etwa 6,8 Milliarden Menschen den Platz auf der Erdkugel. Entscheidend für die Zukunft ist die Versorgung der Weltbevölkerung mit Nahrung, Trinkwasser, Rohstoffen und Energie. Rein rechnerisch können die globalen Erträge für alle Menschen ausreichen, es gibt aber deutliche Unterschiede zwischen Industrie- und Entwicklungsländern. Die gerechte Verteilung der vorhandenen Ressourcen wird weiterhin letztlich auch den Weltfrieden beeinflussen.

In den Industrieländern leben nur etwa 25 % der Weltbevölkerung, sie verbrauchen aber rund 80 % der Energie. Dagegen steht 1,4 Milliarden Menschen überhaupt kein Strom zur Verfügung.

Trotzdem ist der weltweite Energiekonsum in den letzten Jahren regelrecht explodiert. Bis zum Jahr 2030 wird er sich voraussichtlich verglichen mit dem Jahr 2000 noch einmal mindestens verdoppeln, zumal die Energienachfrage in den bevölkerungsreichen Ländern China und Indien enorm steigt.

In vielen ärmeren Ländern mangelt es aber nicht nur an Energie für Konsumgüter, hier können oft nicht einmal die lebensnotwendigen Bedürfnisse erfüllt werden. Fast ein Sechstel der Weltbevölkerung leidet unter Nahrungs- und *Trinkwassermangel*.

Hunger ist vor AIDS, Malaria und Tuberkulose die Todesursache Nummer Eins. Die Zahl chronisch unterernährter Personen weltweit stieg im Jahr 2007 wieder (Abb. 1) an. Grund hierfür sind die gestiegenen Nahrungspreise.

Ein Mensch sollte etwa 10 000 kJ pro Tag an Nahrungsenergie aufnehmen. Weniger führt langfristig zur Unterernährung. Dies schwächt den Körper und macht ihn anfällig gegenüber Infektionskrankheiten. Der Hunger belastet aber auch die Wirtschaftskraft eines Landes und verschärft dadurch wiederum die Armut (Abb. 2). Um diesen Teufelskreis zu durchbrechen ist die weltweite Nationengemeinschaft in die Verantwortung genommen.

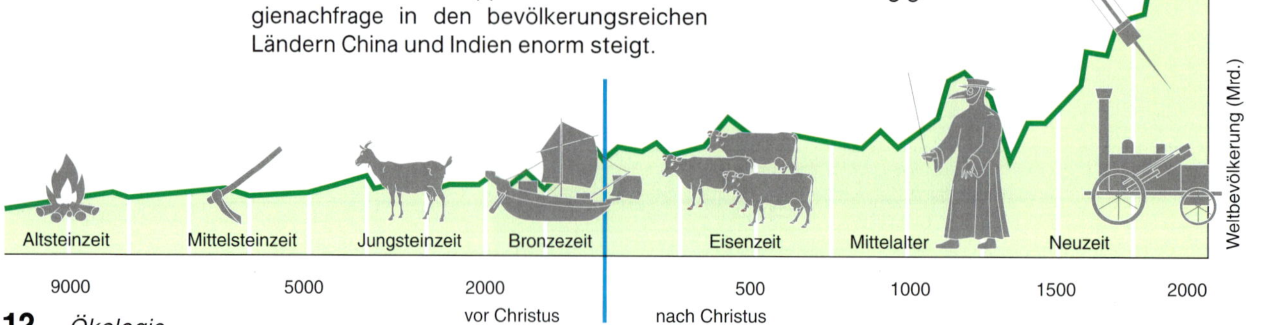

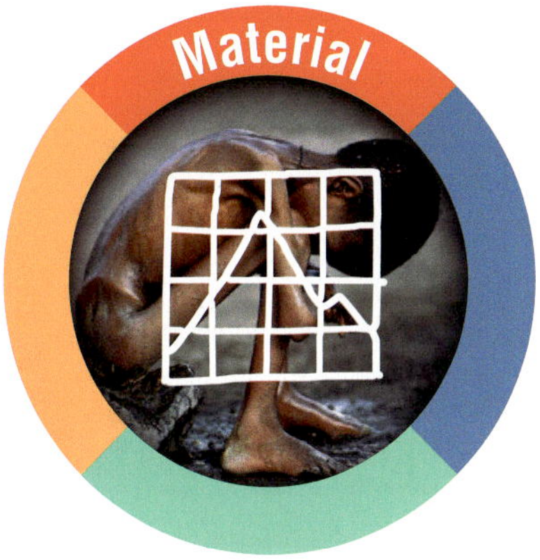

Welternährung

Weltweit gibt es genug Nahrung, um alle Menschen zu ernähren. Allein die Getreideernte von jährlich 1,9 Milliarden Tonnen würde ausreichen, um jeden der über 6 Milliarden Menschen mit den täglich empfohlenen 10 500 kJ und etwa 80 g Eiweiß zu versorgen. Trotzdem wird in vielen Regionen der Erde gehungert, in anderen hat sich Überernährung zu einer Volkskrankheit entwickelt. Etwa 800 000 000 Hungernden stehen ebenso viele Überernährte gegenüber.

Aufgaben

① Benennen Sie in Abbildung 1 die Regionen, in denen Menschen zu viel bzw. zu wenig Nahrung aufnehmen.

② Pflanzliche Produkte können direkt als Lebensmittel von Menschen verzehrt werden *(Primärkilojoule)* oder zur „Veredelung" an Tiere verfüttert werden und dann gegessen werden *(Sekundärkilojoule)*. Um ein Kilojoule tierische Nahrung zu erhalten müssen bis zu sieben Kilojoule Getreide verfüttert werden. Berechnen Sie mithilfe der Abbildung 2, wie viele Primärkalorien ein Deutscher und ein Inder durchschnittlich täglich verzehren.

③ Erläutern Sie anhand Abbildung 3, wie sich Wohlstand auf die Ernährung auswirkt.

④ Für eine gesunde Ernährung ist nicht nur die Menge, sondern auch ihre Qualität wichtig. Vergleichen Sie die Zusammensetzung der Kost in Abbildung 3 mit der empfohlenen Nahrungszusammensetzung (> 50 % Kohlenhydrate, wenig Zucker, < 30 % Fett, davon gesättigte Fettsäuren < 10 %, 9 – 11 % Eiweiß).

⑤ Interpretieren Sie die Aussage „In den Industrieländern herrscht zwar anders als in den Entwicklungsländern Nahrungssicherheit, aber keine Ernährungssicherheit."

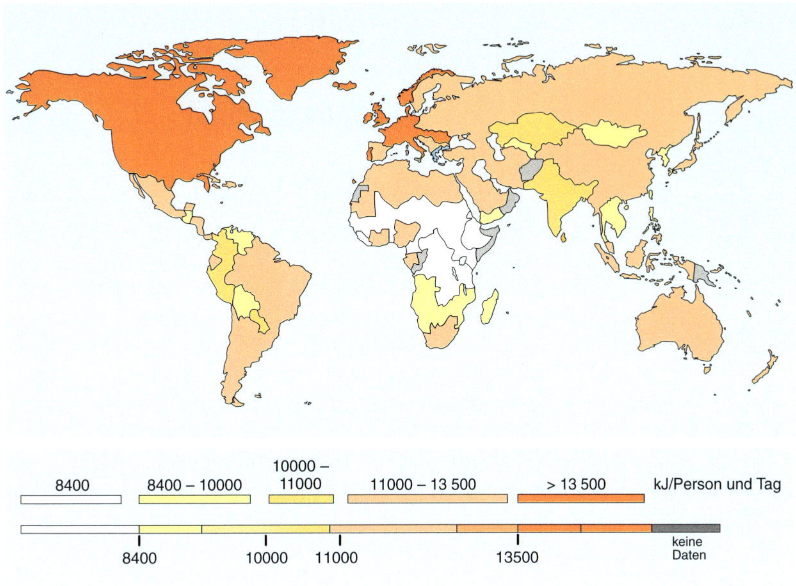

1 Tägliche Nahrungsenergieaufnahme pro Person und Tag (2000 – 2002)

Land	kJ (gesamt)	kJ (pflanzlich)	kJ (tierisch)	Primär-kJ (tierisch)	Primär-kJ (gesamt)
Deutschland	14 700	9 450	5 250	?	?
Indien	9 450	8 820	630	?	?

2 Tägliche Nahrungsenergieaufnahme in Deutschland und Indien

Nährstoffe		Anteil der Nahrungsenergie in %	
		Reiche	Arme
Kohlenhydrate	ohne Zucker	30	75
	Zucker	12	4
Fette	in pflanzlicher Kost (reich an ungesättigten Fettsäuren)	5	2
	in tierischer Kost	18	8
	als isolierte Produkte	15	2
Eiweiß	in pflanzlicher Kost	4	9
	in tierischer Kost	8	1
Alkohol		7	3
kJ		14 700	8 820

3 Einfluss des Wohlstands auf die Zusammensetzung der Kost

Industrielle Landwirtschaft

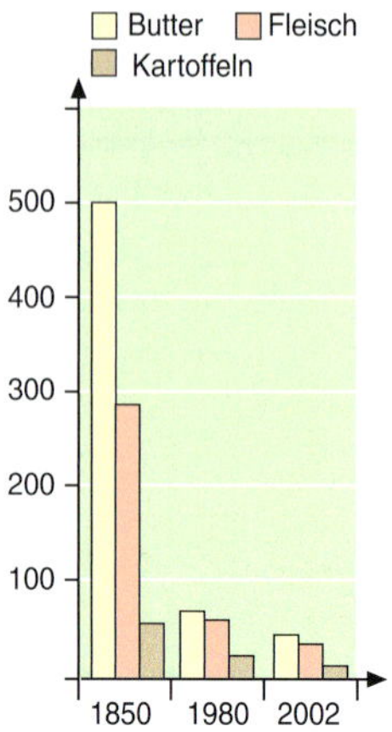

Arbeitszeit für 1 kg Nahrungsmittel in Minuten

So weit das Auge reicht, ein riesiges Getreidefeld. Mähdrescher ziehen Bahnen. In regelmäßigen Abständen wird das Korn auf ihre Anhänger befördert. Wenige Personen bewältigen die Arbeit, für die früher viele Landarbeiter notwendig waren. Waren es 1930 in landwirtschaftlichen Betrieben noch 149 Arbeitsstunden pro Hektar, sind es heute weniger als zwei. Landwirtschaftliche Betriebe sind heute auf einem industrieähnlichen Stand der Produktionstechnik.

Verschiedene Gründe haben zu dieser Form der Landwirtschaft geführt. Die Lohnkosten stiegen wesentlich schneller als die Erzeugerpreise. Nur durch Rationalisierung und Mechanisierung konnte dieser Unterschied ausgeglichen werden. Dies führte zu einer Umstrukturierung der landwirtschaftlichen Betriebe. Während die Anzahl dieser Betriebe in den letzten Jahren gesunken ist, hat sich die Größe der Höfe in den Jahren von 1950 bis heute mehr als verdoppelt. Eine Leistungssteigerung war nur durch den stärkeren Einsatz von Maschinen möglich. Der zunehmende Einsatz von Maschinen ist jedoch nur bei einer Vergrößerung der Nutzfläche oder Viehbestände ökonomisch sinnvoll. Die Leistungssteigerung dieser Betriebe zeigt sich in einem Produktionsvergleich der letzten Jahrzehnte.

1950 ernährte ein Landwirt durchschnittlich 10 Menschen, 2000 bereits 140. Die jährliche Nahrungsmittelmenge pro Kopf der Bevölkerung nahm im gleichen Zeitraum von 800 kg auf 1300 kg zu. Die Erzeugerpreise sanken gleichzeitig drastisch. Solche niedrigen Erzeugerpreise sind nur mit einem hohen maschinellen Aufwand realisierbar. Ein ökologisch wichtiger Aspekt ist der Anstieg des Fleischkonsums in den Industriestaaten. Dieser Konsum hat Auswirkungen auf die Fleischproduktion weltweit (Abb. 15. 1). Diese „Nahrungsmittelveredelung" führt dazu, dass im Vergleich mehr pflanzliche Futtermittel angebaut werden müssen, als bei vorwiegend pflanzlicher Ernährung nötig wäre (s. S. 13).

Flurbereinigungen gingen einher mit der Bildung von Großbetrieben, was zwar zu einer ökonomisch verbesserten, aber ökologisch verarmten Landschaft führte. Aus den kleinflächig parzellierten Fluren wurden durch Zusammenlegung von Grundstücken maschinengerechte Anbauflächen. Hecken, kleine Feldgehölze oder Feuchtgebiete mussten weichen. Die Anzahl der in den bereinigten Landschaften lebenden Tier- und Pflanzenarten ging zurück. Vögeln, Marienkäfern oder Florfliegen z. B. diente die Hecke als Lebensraum. Diese verminderten die Massenvermehrung der Schadinsekten.

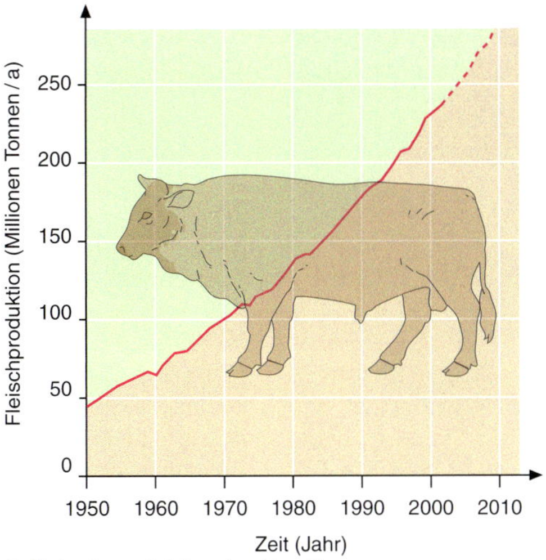

1 Fleischproduktion (weltweit)

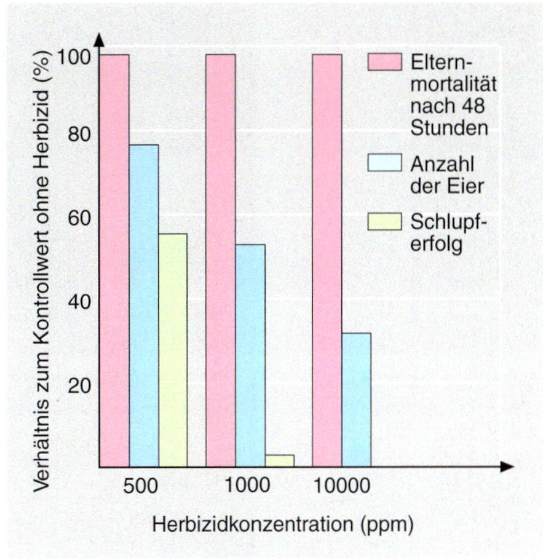

2 Einwirkung eines Herbizids auf Springschwänze

Pestizid
lat. *pestis* = Seuche
lat. *caedere* = töten

vernichtet unspezifisch viele Pflanzen und Kleinlebewesen wie Insekten

Herbizid
lat. *herba*= die Pflanze, das Kraut

vernichtet unerwünschte Pflanzen

Fungizid
lat. *fungus* = der Pilz

vernichtet Pilze

Insektizid
Stoff, der Insekten vernichtet

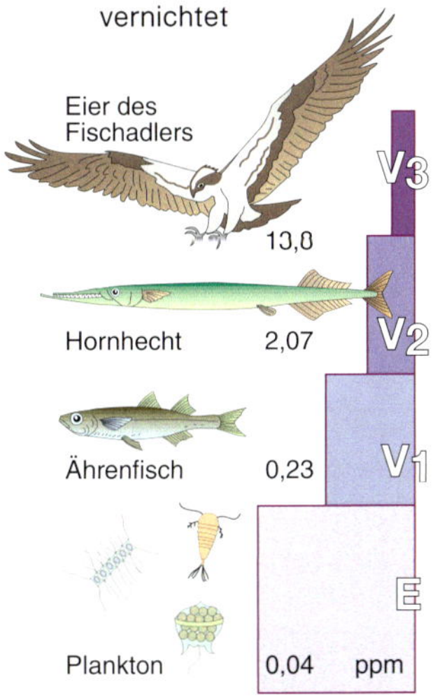

DDT in der Nahrungskette

Die riesigen Pflanzenbestände einer Art in einem zusammenhängenden Lebensraum begünstigen die Verbreitung von Schadorganismen. Die Vernichtung von Schadinsekten, Pilzen oder den ursprünglichen Pflanzen *(Wildkräutern)* wird nicht mehr nur mechanisch oder durch Fruchtwechsel, sondern mit hochwirksamen Giften durchgeführt.

Schadstoffeintrag

Der verantwortungsvolle Einsatz von Pestiziden ist nicht nur wegen der akuten Gesundheitsrisiken notwendig. Die Wirkung dieser Stoffe auf Ökosysteme mit einer Anreicherung *(Bioakkumulation)* über die Nahrungskette im Fettgewebe von Tieren und Menschen ist eine große Gefahr (s. Randspalte). Innerhalb der Nahrungspyramide müssen etwa 100 g Nahrung aufgenommen werden, um 10 g körpereigene Biomasse aufbauen zu können. Dadurch reichert sich ein Giftstoff im Körper an. Die Wirkung ist besonders stark, wenn die Giftstoffe nur langsam abgebaut worden.

Entscheidend für einen Einsatz von Pestiziden ist deshalb der schnelle Abbau der Giftstoffe auf oder innerhalb der Pflanzen, um einen späteren Verzehr ohne gesundheitliche Schäden und Risiken zu ermöglichen. Dabei muss ausgeschlossen werden, dass die beim Abbau anfallenden Stoffe ebenfalls eine gesundheitsschädigende Wirkung haben. Die Bewertung der *Toxizität*, d. h. der Giftigkeit, ist in Laborversuchen zwar festzustellen, kann in der Natur jedoch anders ausfallen. Die Vielfalt der Faktoren in der Natur kann im Labor immer nur unzureichend nachgeahmt werden. Beim Test eines Herbizids stellte man z. B. fest, dass die Toxizität des Wirkstoffes auf die zu den flügellosen Urinsekten gehörenden Springschwänzen bei höheren Konzentrationen sehr gering war. Die Tierpopulation ging aber trotzdem stark zurück, weil eine toxische Wirkung bereits auf die Entwicklung der Eier erfolgte (Abb. 2).

Insektizide können Insekten direkt töten, deren Entwicklung hemmen oder sie sterilisieren. Die Wirkstoffe können hierbei als Fraß-, Kontakt- oder Atemgifte von den Insekten aufgenommen werden. DDT war das erste effektive Fraß- und Kontaktgift, das im großen Industriemaßstab hergestellt wurde. Es schädigt das Nervensystem der Insekten und tötet sie. Ein Vorteil ist die gute Verträglichkeit für die behandelten Pflanzen. Nachteile des DDT sind, dass es auch bei Wirbeltieren als Nervengift wirkt und dass es nur sehr langsam abgebaut wird. Seine Toxizität ist zwar sehr gering, aber es reichert sich im Fettgewebe an. Bei Greifvögeln sank der Bruterfolg, da deren Eierschalen durch DDT so dünn wurden, dass sie beim Brüten zerbrachen. Anwendung und Produktion von DDT ist bereits in vielen Ländern verboten. Da DDT jedoch sehr preiswert ist, wird es in den armen Ländern auch weiterhin zur Bekämpfung der Malaria übertragenden Anophelesmücke eingesetzt.

Neu entwickelte Produkte wirken meist schon selektiver nur auf ganz bestimmte Organismen, ohne dass dieser Wirkstoff andere Organismen schädigt.

1 Mungo

2 Ochsenfrosch im Größenvergleich

Biologische Invasion

Unter *biologischer Invasion* (▶ s. S. 35) wird der gesamte Prozess der raschen Besiedlung eines neuen Gebietes durch gebietsfremde Organismen verstanden. Während die natürliche Einwanderung von Lebewesen normalerweise so langsam verläuft, dass die einheimischen Arten die einwandernde Art zurückdrängen oder selbst neue Nischen besetzen können, sind von Menschen bewusst oder unbewusst verursachte Einschleppungen von Organismen für einheimische Arten oft lebensbedrohlich.

Tiertransfer

Ein bekanntes Beispiel ist die Einführung des Mungos (Abb. 1), einer marderähnlichen Schleichkatzenart aus Ostindien, auf Jamaika im Jahre 1872. Diese sollte auf der Insel die Rattenplage in den Zuckerrohrfeldern bekämpfen. Die Mungos vermehrten sich so stark, dass sie schließlich ihr Beutespektrum erweiterten. So wurden u. a. auch Vögel und Eidechsen dezimiert, die bisher die Schadinsekten in den Zuckerrohrfeldern gefressen hatten. Diese Schadinsekten führten bereits 1890 zu größeren Ernteeinbußen als zuvor die Ratten.

Ein weiteres Beispiel ist der ursprünglich aus Nordamerika stammende Ochsenfrosch (Abb. 2). Er wurde in den 1970er-Jahren in Italien eingeführt. Die Froschschenkel wurden als Delikatesse für Feinschmecker gehandelt. Mittlerweile findet man diese riesige Froschart in vielen europäischen Ländern, unter anderem in Deutschland.

Rosskastanienminiermotte

Befallenes Rosskastanienblatt

Das Beutespektrum des Ochsenfrosches reicht von einheimischen Amphibien und Reptilien bis hin zu Fischen, Krebsen, Vögeln und Nagetieren. So gefährdet diese eingeführte Art schließlich die gesamte Biozönose (▶ s. S. 31) eines Sees, weil sie nicht auf natürliche Fressfeinde trifft.

Im Gegensatz zum Ochsenfrosch, der gezielt eingeführt wurde, erfolgte die Verbreitung der Rosskastanienminiermotte (siehe Randspalte) unabsichtlich. Man vermutet, dass die nur wenige Millimeter großen Motten-Larven in Kastanienblättern auf Lastwagen oder Bahnwaggons eingeschleppt wurden. Pro Jahr sind sie auf diese Weise von Mazedonien, wo sie 1984 entdeckt wurden, 80 bis 100 Kilometer weit nach Norden und Westen vorgedrungen. Inzwischen findet man sie überall in Deutschland. Auch sie haben hier keine natürlichen Feinde, sodass ihre Population stark zunimmt. Die Larven befallen ausschließlich die Blätter der weiß blühenden Gemeinen Rosskastanie. Das zerstörte Blattgewebe trocknet aus und wird braun (siehe Randspalte).

Aufgaben

① Informieren Sie sich über weitere Beispiele für Tiertransfer und erläutern Sie die Auswirkungen, die diese Invasoren verursachen.

② Diskutieren Sie, inwiefern die fortschreitende Globalisierung des Menschen die biologische Invasion von Tieren und Pflanzen beeinflusst.

1 Kartoffelpflanze, Robinie, Goldrute

2 Schmalblättrige Wasserpest

Pflanzentransfer

Herkulesstaude

Ambrosia

Die Einwanderung von Pflanzenarten kann vom Menschen durch die Einführung von Nutz- und Zierpflanzen beabsichtigt geschehen. Typische Beispiele sind Mais und Kartoffel als landwirtschaftliche Nutzpflanzen, Douglasie und Robinie als Forstpflanzen und Geranie und Goldrute als Zierpflanzen für den Garten (Abb. 1). Bestimmte Arten sind zu einem ökologischen Problem geworden, da sie unerwünschte Auswirkungen auf einheimische Arten, Lebensgemeinschaften oder Biotope haben. Sie treten dabei in Konkurrenz um Lebensraum und Ressourcen zu anderen Lebewesen und verdrängen diese. Invasive Arten können auch ökonomische oder gesundheitliche Probleme verursachen. Dies gilt z. B. für den Riesenbärenklau *Heracleum mantegazzianum*, auch Herkulesstaude genannt (siehe Randspalte). Ihre Inhaltsstoffe können bei Berührung stark juckende und anschwellende Ekzeme verursachen. Ursprünglich als Zierpflanze und Bienenfutterpflanze aus dem Kaukasus eingeführt, verwilderte die Pflanze zunehmend und breitete sich über ganz Mittel- und Nordeuropa aus.

Durch Verschleppung von Pflanzensamen z. B. mit Handelsgütern kann ein Pflanzentransfer jedoch auch unbeabsichtigt geschehen. So sind bereits Mitte des 19. Jahrhunderts die ersten Ambrosia-Samen durch Getreide- und Kartoffelimporte aus Nordamerika nach Europa eingewandert. 1863 wurde die Pflanze *Ambrosia artemisiifolia* (siehe Randspalte) das erste Mal in Deutschland entdeckt. Durch die derzeitige Klimaerwärmung wird ihre Ausbreitung stark begünstigt, sodass die anfangs seltene Pflanze mittlerweile weit verbreitet ist. Zudem erfolgt auch heute noch ein Import von verunreinigtem Getreide und Saatgut. Das Gefährliche für den Menschen an dieser Pflanze ist der stark Allergie auslösende Blütenstaub. Eine einzelne Pflanze kann über eine Milliarde Pollenkörner freisetzen. Eine Konzentration von nur sechs Pollen pro m^3 Luft gilt bereits als problematisch.

Die Schmalblättrige Wasserpest *Elodea nuttallii* (Abb. 2) kommt ebenfalls ursprünglich aus Nordamerika. Seit den 50er Jahren breitet sie sich in Deutschland aus. Pflanzenteile wurden zum Teil auf natürlichem Weg mit dem Wasser, durch Wasservögel bzw. von Menschen durch Boote verbreitet. Schon kleinste Sprosse reichen aus, damit sich die Pflanze vermehren kann. Im Gegensatz zur Kanadischen Wasserpest, die schon länger in Deutschland vorkommt, ist diese Art konkurrenzstärker und unempfindlicher gegen Verunreinigungen. So können die Flachwasserbereiche der Seen und langsam fließende Bereiche der Flüsse in kurzer Zeit vollkommen zuwachsen. Die so entstehenden Pflanzenteppiche haben sowohl ökologisch als auch ökonomisch negative Auswirkungen. Bedenkt man, dass viele der betroffenen Seen touristisch genutzt werden, wird dies verständlich. Natürliche Feinde, wie z. B. Pflanzen fressende Wasservögel, können die enorme Biomasse kaum reduzieren. Einzige Gegenmaßnahme ist bisher das Abmähen der Pflanzen.

Online-Link
045570-0086
045570-0086a

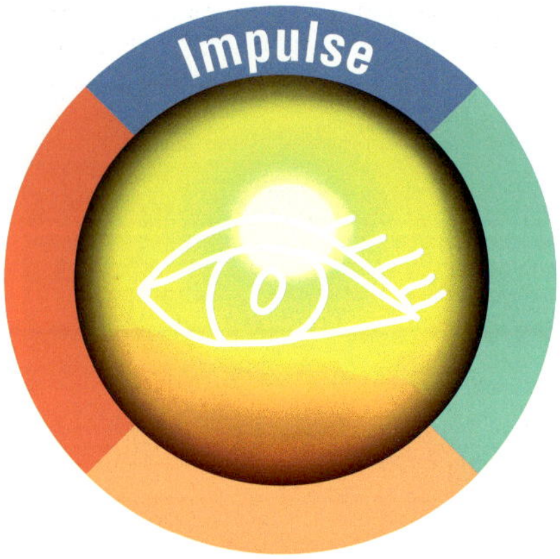

Klimaveränderungen

Die Atmosphäre umgibt die Erde wie eine Hülle und ist 100 km mächtig. Die erdnächste Schicht, die 10 km messende Troposphäre, prägt das Klima der Erdoberfläche. Eine wesentliche Bedeutung der Atmosphäre für Pflanzen und Tiere ist der Schutz vor der kosmischen Strahlung. Durch die Freisetzung verschiedener Gase, wie z. B. Kohlenstoffdioxid und Methan, verändert sich die Zusammensetzung der Atmosphäre. Diese Gase können auf natürliche Art und Weise oder aber auch durch anthropogene Einflüsse entstehen. Klimaveränderungen sind die Folge.

Ozon in der Stratosphäre

„Between eleven and three, slip under a tree."

Die Ozonschicht in der Stratosphäre wirkt wie ein Filter und schirmt die Erdoberfläche vom kurzwelligen Spektralbereich der Sonnenstrahlung, z. B. dem UV-Licht, ab. Eine verstärkte UV-Strahlung auf der Erde kann zur Schädigung von DNA und Proteinen bei allen Lebewesen führen.

Die stärkste Verringerung der Ozonkonzentration findet man über der Antarktis. Dieses „Ozonloch" erstreckt sich bis Australien. Die Hautkrebshäufigkeit bei den Einwohnern Australiens und Neuseelands ist parallel dazu angestiegen.

Als Ursache für den Ozonabbau in der Stratosphäre stehen an erster Stelle die FCKW und Halone als Chlor- bzw. Bromquellen.

Informieren Sie sich über den Einsatz der sog. FCKW und über die Gründe ihres Produktions- und Anwendungsverbotes.

Informieren Sie sich, ob auch wir in Europa von der Ozonloch-Problematik betroffen sind.

Ozon in Bodennähe

Ein herrlicher Sommertag, trotzdem ist über der Stadt kein blauer Himmel zu sehen. Eine Dunstglocke aus Stickoxiden, Abgasen und Ozon liegt über der Stadt.

So lebensnotwendig die Ozonschicht für uns in der Stratosphäre ist, so schädlich ist eine erhöhte Ozonkonzentration am Boden.

Stadt bei Smog-Wetterlage

Bei Inversionswetterlagen sind die negativen Auswirkungen der Luftverschmutzung besonders spürbar. Dies ist der Fall, wenn über einer kälteren Luftschicht am Boden eine wärmere liegt und den Luftaustausch mit der Atmosphäre verhindert. So kommt es zu Smog (engl. smoke, Rauch; fog, Nebel).

Den Ausstoß von Schadstoffen in die Atmosphäre bezeichnet man als Emission. Der Anteil der Emissionen, der auf Lebewesen oder Bauwerke einwirkt, wird als Immission bezeichnet.

Die höchstzulässige Schadstoffkonzentration MIK (Maximale Immissionskonzentration) beträgt in bodennahen Schichten für Ozon 120 µg pro m^3 Luft. Unterhalb dieses Grenzwertes soll es selbst bei langfristiger Einwirkung auch für empfindliche Menschen keine Gesundheitsbeeinträchtigung geben. Smogalarm wird bei 180 µg Ozon pro m^3 Luft ausgelöst.

Informieren Sie sich über konkrete gesundheitliche Folgen, die durch Ozon in Bodennähe verursacht werden.
Geben Sie die wichtigsten Luftverschmutzer und ihre Emissionen an und erläutern Sie die Maßnahmen, die in Deutschland ergriffen wurden, um eine Verringerung der Smoggefahr herbeizuführen.

Beim Einsatz von Kopiergeräten und Laserdruckern entsteht ebenfalls Ozon. Erklären Sie dessen Bildung und informieren Sie sich, wie die Belastung reduziert werden kann.

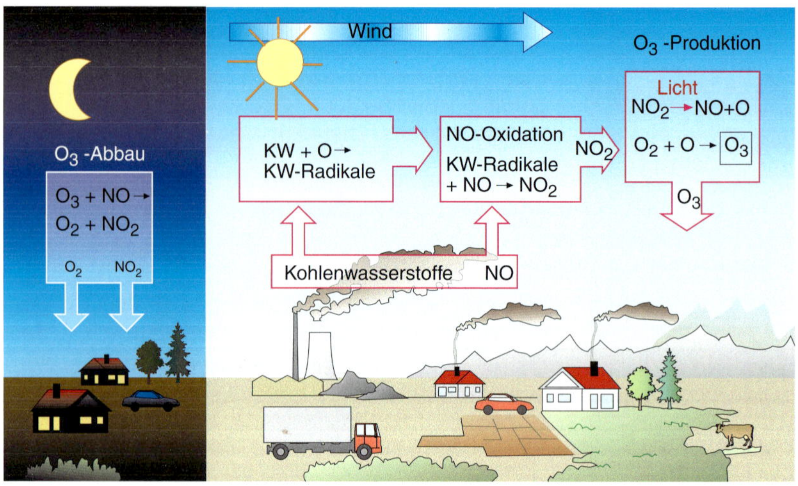

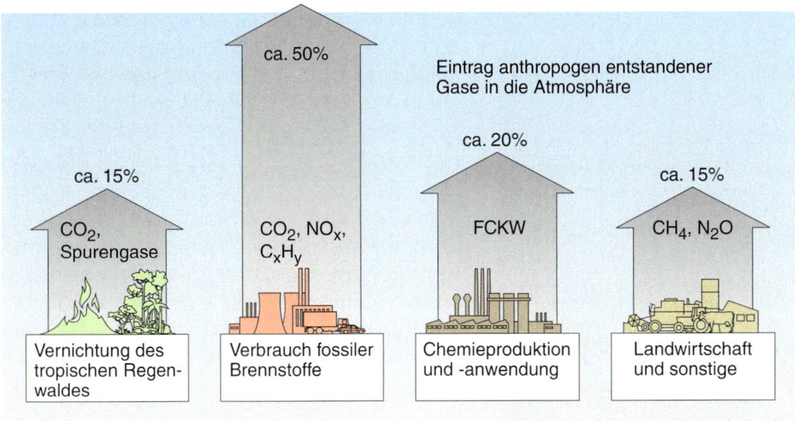

Der Treibhauseffekt

Jeder kennt den Hitzestau im geschlossenen Auto, wenn die Sonne durch die Scheiben ins Wageninnere scheint. Dieser Effekt zeigt sich auch in Treibhäusern, daher auch der Name Treibhauseffekt. Es wird mehr Energie eingestrahlt als abgegeben.

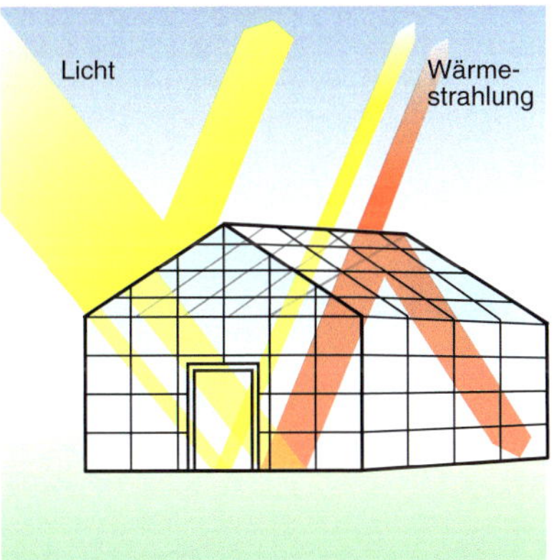

Die Erdatmosphäre entspricht den Glasscheiben. Die Absorption erfolgt hauptsächlich über den Wasserdampf, Kohlenstoffdioxid und Methan. Der natürliche Treibhauseffekt hält die mittlere Atmosphärentemperatur der Erde auf derzeit + 15 °C. Ohne Treibhauseffekt läge die Temperatur bei etwa -18 °C.

Anthropogene Einflüsse verändern die Zusammensetzung der Erdatmosphäre. Die Konzentration von Kohlenstoffdioxid hat in den letzten 200 Jahren um ca. 25 % zugenommen. Durch die Erwärmung der Erde tauen Permafrostböden, die gefrorenen Sumpfböden in Sibirien, und darin enthaltenes Methangas entweicht. Weitere Gründe für die zunehmende Methanemission findet man in der folgenden Tabelle.

Globale Methanemission in Mio. Tonnen pro Jahr	
Sümpfe	121 – 205
Reisfelder	70 – 170
Viehhaltung	80 – 100
Termiten	25 – 150
Industrie	5 – 25

Die Auswirkungen auf das Erdklima sind nicht genau voraussagbar. Anhand von Modellrechnungen und Simulationen versucht man Vorhersagen zu treffen: Stärkere Stürme, Anstieg der Meeresspiegel, Verlagerung der Wüstengebiete und Verschiebungen der Klimazonen werden prognostiziert.

Der Treibhauseffekt wird von den Wissenschaftlern unterschiedlich eingeschätzt. Sammeln Sie zu den verschiedenen Aspekten Informationen und stellen Sie diese gewichtet einander gegenüber.

Freizeitverhalten

In welchem Zusammenhang steht unser Freizeitverhalten mit den behandelten Themenbereichen „Ozon“ und „Treibhauseffekt“, die zu Klimaveränderungen führen können?

Eine Antwort findet sich sehr schnell. Durch z. B. unnötiges Verbrennen fossiler Brennstoffe (Flugreisen, Motorsportarten etc.) begünstigen wir den weiteren Abbau des Ozons in der Stratosphäre und den Aufbau in Bodennähe, durch die vermehrte Freisetzung von Treibhausgasen greifen wir in den natürlichen Treibhauseffekt ein.

Unser Freizeitverhalten wird durch die Klimaveränderungen ebenfalls beeinflusst. Vor längeren Aufenthalten an der Sonne warnen Hautärzte. So verdoppelt sich derzeit in Deutschland das Risiko, am schwarzen Hautkrebs zu erkranken, alle 10 Jahre.

Bodenozon kann eine Reihe von Krankheitssymptomen, wie Reizungen der Schleimhaut, Atemnot und Kopfschmerzen verursachen. Aktivitäten im Freien sind dadurch eingeschränkt.

Doch trotz dieser klar ersichtlichen Zusammenhänge werden immer wieder neue Freizeitkonzepte verwirklicht, ohne Rücksichtnahme auf die daraus resultierenden Folgen.

So ist z. B. 2005 die größte Wintersporthalle der Welt eröffnet worden. Mit über 6 000 t künstlich erzeugtem Schnee werden vielfältige Wintersportmöglichkeiten angeboten.

Skihalle in Dubai

Diese Skihalle liegt in der Stadt Dubai in den Vereinigten Arabischen Emiraten. Am Tag liegt die Temperatur in der Halle bei -1 °C, während außerhalb Temperaturen um 40 °C üblich sind. Nachts wird die Skihalle auf -7 °C heruntergekühlt, damit man es schneien lassen kann. Jeden Tag werden so über 30 t Neuschnee produziert.

Es sind jedoch nicht nur diese Extrembeispiele von Freizeitaktivitäten, die zu den großen ökologischen Belastungen führen. Ein Hauptproblem ist die Bebauung besonders attraktiver Naturräume durch den Neu- oder Ausbau von Fremdenverkehrsgebieten und touristischer Infrastruktur wie Skipisten und -liften.

Führen Sie eine kontroverse Diskussion, inwiefern „Freizeitverhalten“ und „Umweltverträglichkeit“ miteinander zu vereinbaren sind.

1 Artenreiche Gebirgswiese und artenarme Feuchtwiese

Aspekte ökologischer Vielfalt

Biodiversität
(Mannigfaltigkeit)
- Artenmannigfaltigkeit
- genetische Vielfalt
- Mannigfaltigkeit der Lebensräume

Eine Gebirgswiese unterscheidet sich deutlich von einer Feuchtwiese (Abb. 1). Lebensräume werden von verschiedenen Arten in charakteristischer Zusammensetzung und Zahl bewohnt. Die Bestimmung dieser Biodiversität dient dazu, Ökosysteme vergleichbar und Veränderungen messbar zu machen. Dabei versteht man unter Biodiversität nicht nur die Anzahl der vorkommenden Arten, sondern auch deren genetische Vielfalt, sowie die Mannigfaltigkeit der Lebensräume in einer Region (▶ s. S. 35).

Nach der Diversitäts-Stabilitäts-Hypothese steigt mit der Diversität auch die Stabilität eines Ökosystems. Unter Stabilität wird dabei meist verstanden, dass sich Artenanzahl und Biomasse in einem ungestörten Ökosystem nicht wesentlich ändern, bzw. dass ein Ökosystem unempfindlich gegenüber Störungen ist. Die Hypothese geht davon aus, dass mit zunehmender Diversität mehr Vernetzungen zwischen den Arten möglich sind und verändernde Einflüsse besser abgepuffert werden können.

Die heute verwendeten Nahrungsmittel kommen von domestizierten Pflanzen- und Tierarten, die von wilden Arten abstammen. So wurden von den heute schätzungsweise 500 000 Pflanzenarten lediglich 150 Arten jemals in größerem Maßstab kultiviert, und weniger als 20 decken über 90 % des gesamten menschlichen Nahrungsbedarfs ab. Der größte Anteil entfällt dabei auf Weizen, Mais, Reis und Kartoffeln, die alleine über die Hälfte des Bedarfs an pflanzlicher Nahrung abdecken. Die genetische Vielfalt wird zudem durch die Verwendung weniger Hochleistungssorten extrem eingeschränkt. So wurde die Zahl der angebauten Reissorten in Sri Lanka von 2000 im Jahr 1959 auf heute nur noch fünf Sorten verringert. Diese Entwicklung führt zwar zu höheren Ernteerträgen, aber auch zu einer erhöhten Anfälligkeit gegenüber Krankheiten, Schädlingen oder extremen Wetterverläufen. Die moderne Landwirtschaft ist deshalb auf das Einkreuzen von genetischem Material aus wilden Sorten angewiesen. Wild lebende Arten stellen ein Reservoir an genetischer Diversität dar.

Biodiversität leistet zudem einen wichtigen Beitrag zur Versorgung der Menschen mit Medikamenten. In der Pharmaindustrie werden aus Lebewesen gewonnene Bestandteile direkt als therapeutische Wirkstoffe verwendet, wie z. B. Substanzen aus Schlangengiften, oder dienen als natürliches Vorbild für die Synthetisierung im Labor. Das bekannteste Beispiel dafür ist Aspirin, das ursprünglich aus den Blättern von Weiden hergestellt wurde, heute jedoch durch chemische Synthese kostengünstiger produziert wird. Der weltweite Umsatz mit Medikamenten auf Basis pflanzlicher Wirkstoffe beträgt etwa 45 Milliarden Euro. Bedenkt man, dass erst 5 000 Pflanzenarten wissenschaftlich auf ihre Eignung untersucht wurden, wird das Potenzial deutlich, das durch die biologische Vielfalt für die Entwicklung neuer Medikamente gegeben ist.

Auch für die Bereitstellung von Rohstoffen für die Industrie bei der heute zunehmenden Verknappung von nicht erneuerbaren Ressourcen wird die Biodiversität immer wichtiger. Verschiedene Holzarten, Gummi, Fette, Harze, pflanzliche Farbstoffe und viele andere Rohstoffe kommen heute zum Einsatz. Zurzeit ist Erdöl noch der wichtigste Rohstoff der chemischen Industrie, pflanzliche Ressourcen werden allerdings aufgrund abnehmender fossiler Erdölvorräte immer wichtiger.

Somit besitzt die biologische Vielfalt nicht nur eine ökologische, sondern auch eine große ökonomische Bedeutung für den Menschen.

Aufgabe

① Informieren Sie sich über weitere Beispiele, die deutlich machen, dass Biodiversität sowohl ein ökologisches als auch ein ökonomisches Gut darstellt.

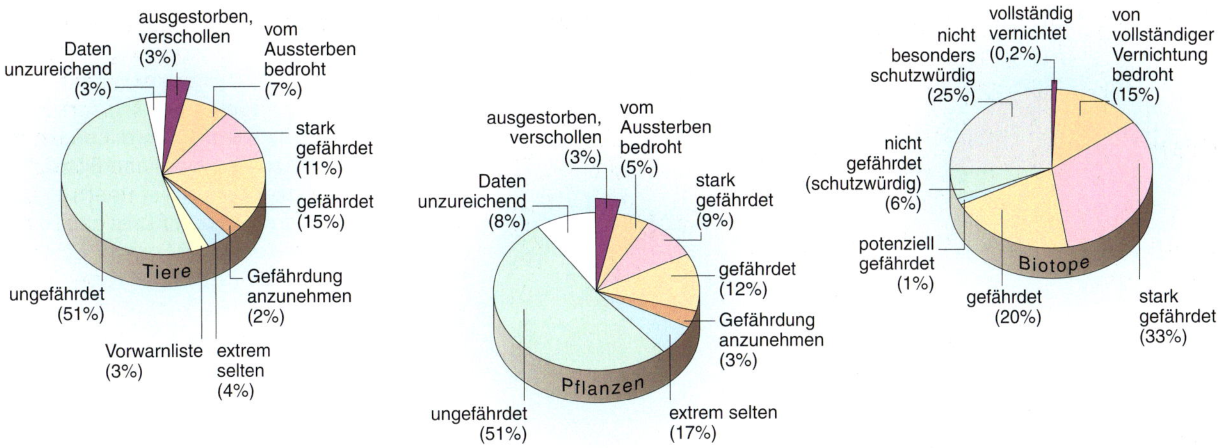

1 Bedrohte Arten und Lebensräume in Deutschland

Ursachen für Diversitätsunterschiede

Es ist schwer zu sagen, warum ein Lebensraum eine hochdiverse Lebensgemeinschaft beherbergt und ein anderer nicht. Es gibt jedoch eine Reihe plausibler Vermutungen:

- *verfügbare Nahrungsressourcen:* Mit den Nahrungsressourcen steigt auch die Produktivität in einem Ökosystem. Damit hängen wiederum die Anzahl möglicher Trophieebenen und die Nischenanzahl zusammen. Bei größerem Ressourcenangebot findet man daher meist mehr Arten.
- *strukturelle Vielfalt:* Abwechslungsreiche Lebensräume bieten mehr Lebensmöglichkeiten und lassen damit eine höhere Artenvielfalt zu.
- *Klima:* In den Tropen leben mehr Arten als in Regionen mit ausgeprägten Jahreszeiten oder an den Polen. Das gleichmäßige Tropenklima lässt offenbar mehr Spezialisierungen zu; daher können hier mehr Arten koexistieren. Dies gilt entsprechend für alle Ökosysteme, die keinen oder sehr geringen Umweltschwankungen ausgesetzt sind.
- *Alter des Lebensraumes:* Die Entstehung einer großen Artenvielfalt nimmt eine bestimmte evolutive Zeit in Anspruch, alte Lebensräume besitzen daher oft eine größere Diversität.

Globale Biodiversität

170 Staaten, darunter Deutschland, unterzeichneten das „Übereinkommen über die biologische Vielfalt". Sie bekannten sich zur gemeinsamen Verantwortung für das Naturerbe und einigten sich auf drei Hauptziele:

- Erhaltung der biologischen Vielfalt
- Nachhaltige Nutzung ihrer Elemente
- Ausgewogene und gerechte Verteilung der Vorteile, die sich aus der Nutzung der genetischen Ressourcen ergeben.

Mit der *Rio-Konvention* von 1992 wurde der Anfang für eine weltweit umfassende Naturschutzpolitik gemacht, und der Begriff „globale Biodiversität" in Gesetze und Verordnungen eingebracht. Die Natur erhält damit neben den Kulturgütern und Bodenschätzen den Rang eines Welterbes. Der Schutz der Biodiversität ist das neue Leitbild im Naturschutz. Im Gegensatz zum schwer messbaren *ökologischen Gleichgewicht* lässt sich die Biodiversität berechnen und im Rahmen eines Umweltmonitoring verfolgen.

Allein in der europäischen Region gibt es mehrere Tausend sich voneinander unterscheidende Lebensraumtypen, in denen ca. 150 Säugetier-, 520 Vogel-, 180 Reptilien- und Amphibien-, 150 Fisch-, 10 000 Pflanzen- und 100 000 Wirbellosenarten leben. Europa gehört im Vergleich zu den Tropen und Subtropen aber zu den relativ artenarmen Regionen der Erde. Die globale Biodiversität wird zunehmend durch die Zerstörung und Zerstückelung von Lebensräumen sowie durch die Verschlechterung der Umweltbedingungen bedroht. In ihrem Bestand gefährdete Arten werden in Roten Listen geführt (s. Randspalte und Abb. 1).

Aufgabe

① Finden Sie zu jeder Kategorie der Roten Liste ein konkretes Beispiel.

Kategorien der Roten Listen

- 0 ausgestorben oder verschollen
- 1 vom Aussterben bedroht
- 2 stark gefährdet
- 3 gefährdet
- 4 potenziell gefährdet
- R extrem selten
- G Gefährdung anzunehmen
- D Daten mangelhaft
- V Vorwarnliste (noch ungefährdet, verschiedene Faktoren könnten eine Gefährdung in den nächsten 10 Jahren herbeiführen)

Umweltmonitoring
Systematische Beobachtungen bestimmter, vorab definierter ökologischer Parameter

Torfmoos | pH 3 – 4

Heidelbeere | pH 3,5 – 4,5

Heidekraut | pH 3,5 – 5

Bärlauch | pH 5,5 – 7

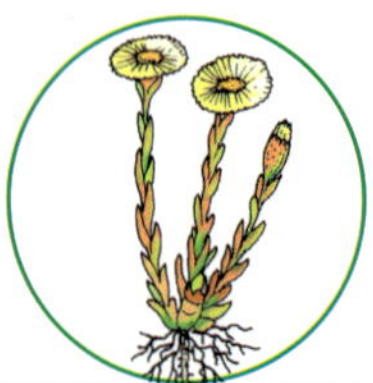

Huflattich | pH 7 – 8

Zeigerpflanzen für den Boden-pH-Wert

1 Feuchtwiese mit Wiesenschaumkraut

Zeigerpflanzen

Wer keine nassen Füße bekommen will, wird Grünflächen mit *Wiesenschaumkraut* meiden, denn diese Blumen wachsen nur auf feuchtnassem Boden. Auch die *Große Brennnessel* braucht viel Feuchtigkeit, aber keine Nässe. Man findet sie oft in der Nähe von Komposthaufen oder Entwässerungsgräben, also auf stickstoffreichen Böden. *Mauerpfeffer* wächst dagegen auf stickstoffarmem Boden.

Pflanzen sind an ganz bestimmte Umweltbedingungen angepasst, man kann daher oft von ihrem Vorkommen auf die Umweltbedingungen des betreffenden Standortes schließen. Das gilt ganz besonders, wenn die Pflanze nur in einem begrenzten Umweltbereich gedeihen kann, also stenopotent bezüglich dieses Umweltfaktors ist. Solche Arten bezeichnet man als *Zeigerarten*.

Es gibt nicht nur für den Feuchtigkeits- und Stickstoffgehalt des Bodens Zeigerarten, sondern auch für den pH-Wert: *Alpenrosen* sind typische Pflanzen in den Gebirgsregionen oberhalb der Waldgrenze. Die behaarte Alpenrose findet man auf Kalkgesteinsboden, die rostrote Alpenrose dagegen auf Silikatgestein. Die Standorte unterscheiden sich deutlich im pH-Wert, der im Gebirge vor allem durch den Kalkgehalt des Bodens verändert wird (Abb. 2). Kalkhaltige Böden sind gut gegen Versauerung abgepuffert, da sie Humussäuren neutralisieren. Durch Ausflockung der Bodentone wird der Boden krümelig, gut durchlüftet und kann Mineralstoffe besser binden. Auf solchen Böden haben viele Pflanzen Wachstumsmöglichkeiten. In sauren Böden fehlt die Krümelbildung, Mineralstoffe sind weniger fest gebunden und werden daher bei Regen leichter ausgewaschen. Saure Böden sind daher mineralstoffarm. Hier gedeihen oft nur Standortspezialisten wie die Heidepflanzen (s. Randspalte). Die pH-Werte landwirtschaftlich genutzter Flächen liegen zwischen 5,5 und 8,0, denn das entspricht den Vorzugsbedingungen der meisten Kulturpflanzen.

Zeigerarten werden in der Land- und Forstwirtschaft zur Ermittlung von Umweltfaktoren genutzt, sie geben Aufschluss über Bodenfeuchtigkeit, Stickstoffgehalt, pH-Wert oder Salzgehalt des untersuchten Bodens, über Licht, Wärme oder Luftverschmutzung. Damit ergänzen sie aufwändige chemische und physikalische Analysemethoden. Zeigerarten, die vor allem auf Umweltbelastungen durch menschliche Aktivitäten reagieren, bezeichnet man im engeren Sinne auch als *Indikatorarten* oder *Bioindikatoren* (▶ s. S. 35). Sie erweitern die Möglichkeiten der ökologischen Umweltüberwachung.

Aufgaben

① Erklären Sie, warum nur stenöke Arten als Zeigerarten infrage kommen.

② Erörtern Sie, inwieweit sich unterschiedliche Toleranzbereiche auch auf das gemeinsame Vorkommen von Arten auswirken (Abbildung 2).

③ Informieren Sie sich über weitere Indikatorpflanzen und ihre Indikation.
Erstellen Sie zur besseren Übersicht eine Tabelle.

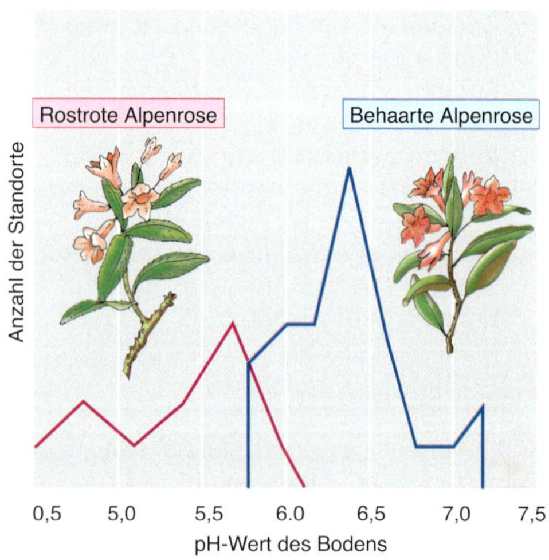

2 Standorte in Abhängigkeit vom Boden-pH

Tiere als Bioindikatoren

Allgemein gilt es beim Einsatz von Bioindikatoren zunächst einmal zu klären, welchen Umweltfaktor die gewählten Lebewesen anzeigen. Das Vorkommen bestimmter Tierarten kann z. B. Rückschlüsse auf die strukturelle Ausstattung von Lebensräumen ermöglichen. Dazu müssen die Habitatansprüche der Tiere bekannt sein. Auch hier eignen sich habitatstenopotente Arten besser als eurypotente. Während ein Steinkauz zur Brutzeit locker bebaute Siedlungsräume oder offene Landschaften mit einzelnen Bäumen und Gebäuden als Habitat auswählt, ist ein Waldkauz weit weniger anspruchsvoll. Als Fortpflanzungslebensraum kann er auch Laubwälder, Nadelwälder und deren Waldränder nutzen. So ist in diesem Beispiel der Steinkauz eine bessere Indikatorart, da er durch seine Verbreitung die Lebensraumstruktur in wesentlich engeren Grenzen anzeigt.

In der Umweltanalytik sind heutzutage Bioindikatoren nicht mehr wegzudenken. Man arbeitet unter anderem mit Langzeitindikatoren. Den Grad der organischen Verschmutzung von Fließgewässern misst man z. B. anhand von Vorkommen und Häufigkeit bestimmter Wirbelloser. So kommen rote Zuckmückenlarven in sehr stark verschmutzten Fließgewässern vor, während Köcherfliegenlarven nur gering belastetes Wasser vertragen. Ein Karpfen kann auch in kritisch belasteten Gewässern leben, während eine Bachforelle sauberes, sauerstoffreiches Wasser benötigt.

Das *Saprobiensystem* (s. Abb. 1) ist eine Zusammenstellung von Süßwasserorganismen nach ihrer unterschiedlichen Widerstandsfähigkeit gegenüber Verunreinigungen des Gewässers. Saprobionten sind hierbei Lebewesen, die in oder auf faulenden organischen Stoffen leben und sich davon ernähren. Zusätzliche abiotische Daten, wie z. B. Wassertemperatur, Trübung, Nitratgehalt und der biochemische Sauerstoffgehalt müssen bestimmt werden, um auf die Güteklasse des Wassers schließen zu können.

Habitat
lat. *habito* = bewohnen
Lebensraum einer Art

Stenopotenz
gr. *sten* = schmal
lat. *potentia* = Vermögen
geringe Toleranz bezüglich eines Umweltfaktors

Eurypotenz
gr. *eurus* = breit
breite Toleranz

BSB_5-Wert
Biochemischer Sauerstoffbedarf von aeroben Organismen, der zum Abbau organischer Substanzen in **fünf** Tagen benötigt wird

Güteklasse	Grad der organischen Belastung	Chemische Parameter			wichtige Indikatorarten	Verschiedene Fischarten haben unterschiedliche Ansprüche an die Gewässergüte
		BSB_5 (mg/l)	N in NH_4^+ (mg/l)	O_2-Minima (mg/l)		
I	unbelastet bis sehr gering belastet	1	höchstens Spuren	> 8	Steinflüglerlarven, Flussperlmuschel 	Bachforelle 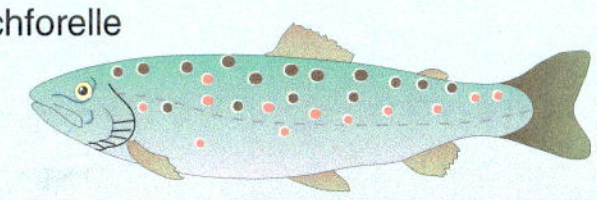
I - II	gering belastet	1–2	um 0,1	> 8	Köcherflüglerlarven, Steinflüglerlarven, Strudelwürmer, Erbsenmuschel 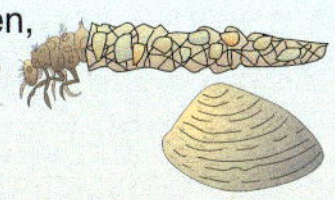	Äsche, Bachforelle 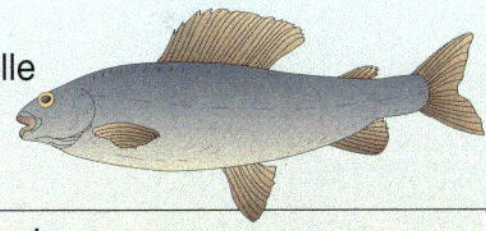
II	mäßig belastet	2–6	< 0,3	> 6	Flussnapfschnecken, Eintagsflüglerlarven, Köcherflüglerlarven, Bachflohkrebse 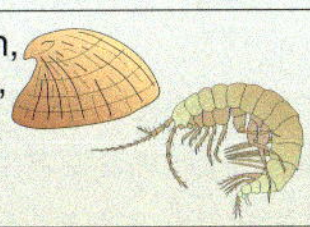	Barbe, Äsche, Hecht, Nase, Flussbarsch 
II - III	kritisch belastet	5–10	< 1	> 4	Egel, Schnecken, Moostierchen, Kleinkrebse, Grünalgenkolonien 	Aal, Karpfen, Schleie, Brachsen 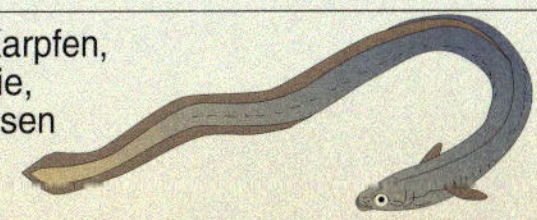
III	stark verschmutzt	7–13	0,5 bis mehrere mg/l	> 2	Wasserasseln, Rollegel, Wimpertierchenkolonien, Schwämme 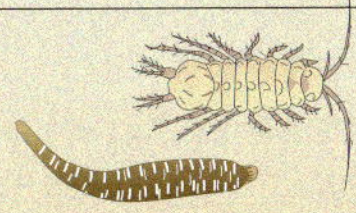	Schleie, Plötze 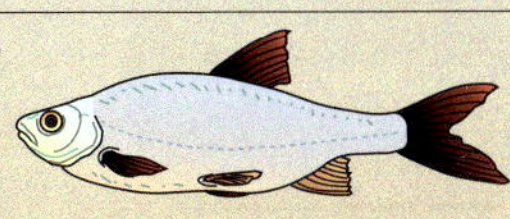
III - IV	sehr stark verschmutzt	10–20	mehrere mg/l	< 2	rote Zuckmückenlarven, Schlammröhrenwürmer, Wimpertierchen 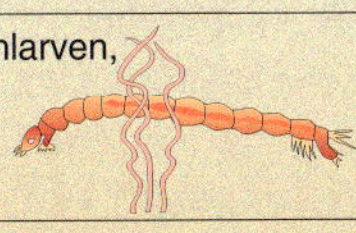	
IV	übermäßig verschmutzt		mehrere mg/l	< 2	Schmutzpantoffeltierchen, Schwefelbakterien, Geißeltierchen, Wimpertierchen 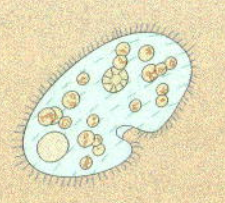	

1 Das Saprobiensystem

1 Moor und Moorbewohner

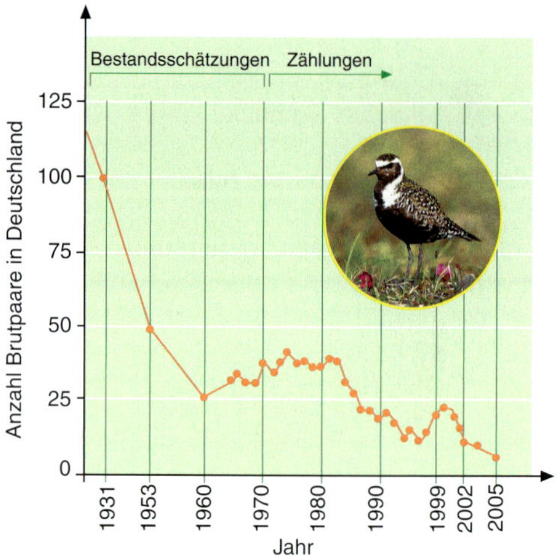

2 Goldregenpfeifer-Bestand

Arten- und Biotopschutz

Rundblättriger Sonnentau

Lungenenzian

Kleiner Moorbläuling

Zu allen Zeiten sind Arten auf der Erde ausgestorben, doch wohl nie verursachte eine Art diesen Prozess so schnell wie heute der Mensch. In den Tropen sterben vermutlich jeden Tag Arten aus, bevor sie überhaupt entdeckt worden sind. In früheren Jahrhunderten war zumeist die Jagd Ursache der *Ausrottung*. Heute sind die meisten Tier- und Pflanzenarten durch die Zerstörung ihrer Lebensräume bedroht. Der Schutz von Ökosystemen und ihrer Artenvielfalt steht deshalb im Zentrum der Naturschutzbemühungen. *Naturschutzgesetze* regeln den Lebensraumschutz durch *Betretungsverbote* und Einschränkungen der landwirtschaftlichen sowie der Freizeitnutzung.

Unter-Schutz-Stellen allein reicht sehr häufig aber nicht, wie das Beispiel der mitteleuropäischen *Moore* zeigt. Diese Lebensräume zeichnen sich durch das Fehlen von Bäumen, hohe Feuchtigkeit, niedrigen pH-Wert und Mineralstoffarmut aus. Um das Umland landwirtschaftlich nutzen zu können, sind dort Entwässerungsmaßnahmen üblich. Damit sinkt aber auch der Grundwasserspiegel im Moor. Als Folge können sich erste Birken und Weiden ansiedeln. Empfindliche Arten wie *Birkhuhn* oder *Goldregenpfeifer* meiden solche Flächen (s. Abb. 2), da sie nun Deckung für Räuber bieten. Die großen Verdunstungsflächen der Bäume führen zu weiterem Wasserverlust, sodass der Wasserspiegel weiter sinkt und noch mehr Bäume wachsen können. Der entstehende Wald ist für die typischen Moorbewohner als Habitat ungeeignet, sie sterben aus.

Eine besondere Gefährdung mineralstoffarmer Standorte geht von der durch den Menschen verursachten *Eutrophierung* (Mineralstoffanreicherung) aus: Konkurrenzstärkere Pflanzen wie Gräser und Löwenzahn verdrängen schwachwüchsige, aber an Mineralstoffmangel angepasste Arten, wie den *Sonnentau* oder den *Lungenenzian*. Als Folge können auch Insekten wie der auf den Lungenenzian als Futterpflanze angewiesene *Kleine Moorbläuling* nicht mehr existieren. Der biologisch unerfahrene Spaziergänger nimmt diese Veränderungen zumeist gar nicht wahr, dazu sind die Arten zu unauffällig und versteckt. Nur die Aufklärung über die ökologischen Zusammenhänge und die verborgene Artenvielfalt gefährdeter Ökosysteme können auch in der Öffentlichkeit und bei Politikern Verständnis für Naturschutzprobleme wecken.

Viele der Habitate und Lebensräume, die wir heute schützen wollen, sind allerdings erst durch Inkulturnahme entstanden. So konnte die *Feldlerche* erst aus Asien einwandern, als für den Ackerbau große Flächen gerodet wurden. Kiesgruben und Steinbrüche beherbergen als *sekundäre Lebensräume* eine Vielzahl bedrohter Arten. Viele dieser Ökosysteme sind instabil und nur durch intensive *Pflegemaßnahmen* zu bewahren. Ein Beispiel dafür sind *Orchideenwiesen*, die nur durch extensive landwirtschaftliche Nutzung vor dem unerwünschten Bewuchs mit Sträuchern bewahrt werden können. So ist der Naturschutz auf die Zusammenarbeit mit der Landwirtschaft angewiesen.

Naturschutz

Der staatliche Naturschutz wird in Deutschland durch das *Bundesnaturschutzgesetz* geregelt. Dieses liefert die Rahmenbedingungen für den Naturschutz in den Ländern und ist selbst an europarechtliche und internationale Vorgaben gebunden. *Natura 2000* ist z. B. ein europaweites Schutzgebietsnetz, das den Rückgang der biologischen Vielfalt in der EU stoppen soll. Ihm liegt die *Fauna-Flora-Habitat-Richtlinie* zugrunde, nach der sich jedes Mitgliedsland verpflichtet, repräsentative Lebensraumtypen auszuweisen und zu schützen. Auf globaler Ebene entwickelte die UNESCO bereits im Jahr 1970 das *MAB (Man and Biosphere)-Programm*. Dieses internationale Schutzkonzept regelt weltweit die Gründung von *Biosphärenreservaten*.

In Deutschland gibt es neben den Naturschutzgebieten verschiedene Gebietsschutzmöglichkeiten, die unterschiedlichen Zwecken dienen: Biosphärenreservate, Nationalparks, Naturparks und Landschaftsschutzgebiete (s. Abb.).

Biosphärenreservate sind national wie international bedeutsame Regionen, in denen das Miteinander von Mensch und Natur beispielhaft bewahrt und gefördert wird. Sie dienen dazu, gewachsene Kulturlandschaften zu schützen und weiterzuentwickeln. Im Rahmen von Umweltbildung und Umweltforschung lassen sich in ihnen Erkenntnisse über die Wechselwirkungen von wirtschaftlicher Nutzung und der Entwicklung von naturnahen Lebensräumen gewinnen. Die Kernzonen von Biosphärenreservaten sind jedoch von jeglicher Nutzung ausgenommen und entsprechen damit in aller Regel den internationalen Standards von Nationalparks.

Nationalparks sind großräumig geschützte Naturlandschaften von besonderer Eigenart. Sie befinden sich in einem von Menschen möglichst unbeeinflussten Zustand, sind also frei von Nutzungen. In einem Nationalpark soll die Natur weitestgehend sich selbst überlassen bleiben. Nationalparks dienen in erster Linie der Erhaltung der heimischen Tier- und Pflanzenwelt in ihren natürlichen Lebensgemeinschaften und haben sich als überaus attraktiv für einen naturverträglichen Tourismus erwiesen.

Naturparks sind dagegen großräumig geschützte Kulturlandschaften, in denen eine schonende Nutzung erlaubt ist, die Erholung aber im Vordergrund steht. Sie nehmen in Deutschland 24 % der Landesfläche ein.

Landschaftsschutzgebiete sind naturnahe Flächen, die nicht überbaut oder verändert, aber standortgemäß genutzt werden dürfen. Hier sollen vor allem die Schönheit des Landschaftsbildes und der Erholungsraum für den Menschen erhalten werden. Sie sind relativ kleinflächig und können zu Naturparks zusammengefasst werden. Die wichtige, weil flächenvergrößernde Vernetzungen von Naturschutzgebieten darf aber nicht nur auf dem Papier stattfinden, sondern muss auch in der Natur umgesetzt werden.

Unter einem *Biotopverbund* versteht man gleiche oder ähnliche Lebensräume, die räumlich miteinander verbunden werden, z. B. indem man zwischen Feldgehölzen eine Hecke anlegt. Das ist besonders in solchen Regionen wichtig, in denen durch Siedlungsbau und den Ausbau von Verkehrswegen ursprünglich zusammenhängende Lebensräume fragmentiert und isoliert wurden.

Die Restbiotope sind ohne einen Biotopverbund oft nicht mehr groß genug, um das Überleben von Arten zu sichern. Pflanzensamen und Tiere sind ebenfalls isoliert.

Nachhaltige Entwicklung

Leitidee Nachhaltigkeit

Fällt man in einem Wald mehr Holz als im gleichen Zeitraum nachwachsen kann, wird es diesen Wald langfristig nicht mehr geben. Wohl nirgends lässt sich der Begriff der Nachhaltigkeit oder Zukunftsfähigkeit *(Sustainability)* so anschaulich darstellen wie in der Forstwirtschaft. Hier wurde das Nachhaltigkeitsprinzip im 19. Jahrhundert erstmals formuliert. Im Jahre 1987 fasste die Weltkommission für Umwelt und Entwicklung (Brundtland-Bericht) den Begriff „nachhaltige Entwicklung" sehr viel weiter: „Entwicklung zukunftsfähig zu machen, heißt, dass die gegenwärtige Generation ihre Bedürfnisse befriedigt, ohne die Fähigkeit der zukünftigen Generation zu gefährden, ihre eigenen Bedürfnisse befriedigen zu können".

Vergleichbare Leitideen stehen in den Grundrechten (Grundgesetz) und in der Schöpfungsgeschichte (Bibel). Suchen Sie nach entsprechenden Zitaten und erklären Sie die Parallelen.

Rio-Deklaration

Die Vereinten Nationen trafen sich 1992 in Rio de Janeiro/ Brasilien zu einer Konferenz für Umwelt und Entwicklung (United Nations Conference on Environment and Development, UNCED). In den 27 Grundsätzen der Rio-Deklaration wurde erstmals global das Recht auf nachhaltige Entwicklung verankert.

Principle 1: Human beings are at the centre of concerns for sustainable development. They are entitled to a healthy and productive life in harmony with nature.

Principle 4: In order to achieve sustainable development, environmental protection shall constitute an integral part of the development process and cannot be considered in isolation from it.

Principle 8: To achieve sustainable development and a higher quality of life for all people, states should reduce and eliminate unsustainable patterns of production and consumption and promote appropriate demographic policies.

Principle 9: States should cooperate to strengthen endogenous capacity-building for sustainable development by improving scientific understanding through exchanges of scientific and technological knowledge, and by enhancing the development, adaptation, diffusion and transfer of technologies, including new and innovative technologies.

Principle 20: Women have a vital role in environmental management and development. Their full participation is therefore essential to achieve sustainable development.

Zum Jahrtausendwechsel wurden in der Milleniumserklärung folgende zentrale Handlungsfelder benannt:

Schutz der gemeinsamen Umwelt

Frieden, Sicherheit und Abrüstung

Entwicklung und Armutsbekämpfung

Menschenrechte, Demokratie und gute Regierungsführung

Inwieweit lassen sich die drei Säulen der Nachhaltigkeit (Ökologie, Soziales, Ökonomie) in den Prinzipien und Handlungsfeldern wiederfinden?

Lokale Agenda 21

Begleitend zur Deklaration wurde die *Agenda 21* auf der Konferenz in Rio entwickelt *(agenda*, lat. = was zu tun ist). Es handelt sich um einen Aktionsplan für die nachhaltige Entwicklung im 21. Jahrhundert. Die Agenda 21 gliedert sich in 40 Kapitel. Darin werden die wichtigsten Aufgaben aller gesellschaftlichen Kräfte behandelt.

Dies sind zum Beispiel:
- Armutsbekämpfung und Entwicklungsmöglichkeiten in den Entwicklungsländern
- Gesundheitsfürsorge
- nachhaltige Siedlungsentwicklung
- Veränderung von Konsumgewohnheiten
- zukunftssichere Arbeitsplätze
- Umweltbildung
- ökologisch orientierte Wirtschaft
- soziale Gerechtigkeit
- Klimaschutz
- Energieeinsparungen
- Schutz der Naturressourcen
- Abfallvermeidung und -beseitigung

Für die Umsetzung auf kommunaler Ebene steht das Schlagwort „Global denken – lokal handeln". Das heißt, wie kann jede Stadt oder Gemeinde lokal zu einer weltweiten nachhaltigen Entwicklung beitragen? Dazu wird die örtliche Bevölkerung informiert, es werden Arbeitsgruppen zu Agenda-relevanten Themen gebildet und die Arbeitsergebnisse den kommunalen politischen Gremien zur Umsetzung vorgelegt.

Informieren Sie sich über die Lokale Agenda in Ihrer Gemeinde und laden Sie in Absprache mit der Schulleitung ggf. Referenten ein.

Öko-Audit

Während sich die Umweltverträglichkeitsprüfung auf geplante Vorhaben bezieht, prüft das *Öko-Audit* existierende Betriebe auf ihre Umweltauswirkungen (*audit*, engl. = Rechnungsprüfung). Es handelt sich um eine umwelttechnische und umweltrechtliche Betriebsprüfung. Geprüfte Betriebe und Produkte können sich zertifizieren lassen und Verbraucher durch ein entsprechendes Logo auf ihre nachhaltige Betriebsphilosophie hinweisen.

Suchen Sie z. B. im Supermarkt nach Produkten mit einem Logo, das auf ihre nachhaltige Entwicklung hinweist.

Bitten Sie um eine Besichtigung in einem vom Öko-Audit zertifizierten Betrieb Ihrer Region und informieren Sie sich vor Ort über die Gründe für die Beantragung der Prüfung.

Führen Sie an Ihrer Schule ein Öko-Audit durch: Erheben Sie in einer ersten Umweltprüfung den Energiekonsum, Rohstoffverbrauch (z. B. Papier, Wasser usw.) und das Abfallaufkommen. Formulieren Sie anschließend ein Programm, wie man das Ergebnis verbessern könnte, und nennen Sie entsprechende Maßnahmen zur Energie- und Rohstoffeinsparung sowie zur Müllvermeidung. Prüfen Sie nach der Umsetzung der Maßnahmen die erreichten Ziele in regelmäßigen Abständen.

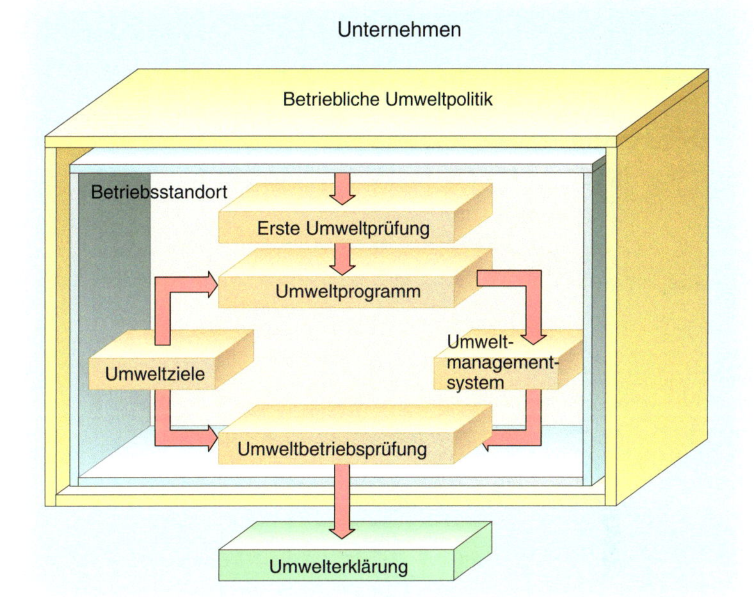

Umweltverträglichkeitsprüfung

> **Principle 17:** Environmental impact assessment, as a national instrument, shall be undertaken for proposed activities that are likely to have a significant adverse impact on the environment and are subject to a decision of a competent national authority.

Von der Genehmigung eines Bauvorhabens wird durch die zuständige Behörde zunächst die Umwelterheblichkeit geprüft und gegebenenfalls eine *Umweltverträglichkeitsprüfung (UVP)* veranlasst. Die UVP wird vom Vorhabensträger bezahlt und von Gutachtern durchgeführt, eine Beteiligung der Öffentlichkeit ist vorgeschrieben. Die UVP legt den Untersuchungsrahmen fest und stellt eine Prognose über die Umweltauswirkungen während der Bauphase, der Betriebsphase und im Falle eines Unfalles auf die verschiedenen Sektoren der Umwelt (Mensch, Flora, Fauna, Wasser, Luft, Boden, Landschaft, ...). Außerdem nennt sie mögliche Alternativen, Vermeidungs- und Ausgleichsmaßnahmen.

Informieren Sie sich über ein Bauvorhaben in Ihrer Region. Legen Sie in einer Diskussion mit verteilten Rollen (Vorhabensträger, Behörde, Gutachter, Öffentlichkeit) den Rahmen für die zugehörige UVP fest.

Welche Institutionen verbergen sich hinter diesen Logos? Womit befassen sie sich?

Basiskonzepte

Stoff- und Energieumwandlung

Variabilität und Anpassung

Struktur und Funktion

Entwicklung

Ökologie

Reproduktion

Information und Kommunikation

Steuerung und Regelung

Organisationsebenen

Basiskonzept Struktur und Funktion

Lebewesen und Lebensvorgänge sind an Strukturen gebunden. Immer wieder lässt sich ein Zusammenhang von Struktur und Funktion finden.
Diesen kann man durch Evolutionsprozesse erklären, also Anpassungsprozesse der Organismen an sich ändernde Umweltbedingungen.

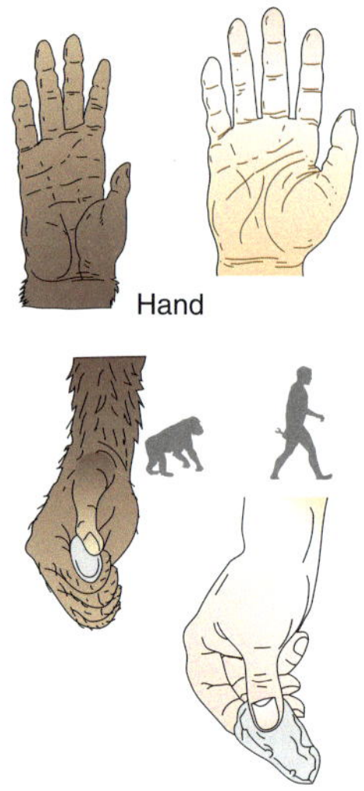

Hominidenhand

Beim Menschen ist die Hand universell einsetzbar und erlaubt einen vielseitigen Werkzeuggebrauch. Der Daumen kann jedem Finger der Hand gegenübergestellt werden. Auf diese Weise ist ein Präzisionsgriff möglich. Das Hautleistenmuster mit den darunter liegenden Sinneszellen ermöglicht eine sehr feine Dosierung der Kraft. Im Unterschied zum Menschen halten Schimpansen den Gegenstand nur seitlich am Daumen, nicht mit der Daumenkuppe. Die Hände eignen sich somit nur zum einfachen Werkzeuggebrauch.

Schlüsselreiz

Der Begriff leitet sich von einem vereinfachenden Konzept ab. Eingehende Reize werden durch neuronale Mechanismen gefiltert und ein spezielles Reizmuster wird erkannt, worauf eine Reak-

tion erfolgt. Auch wenn die ablaufenden Mechanismen sicherlich komplexer sind als eine einfache Schlüssel-Schloss-Beziehung, so lassen sich doch gewisse Handlungen, wie z. B. das Revierverhalten des Stichlings damit gut beschreiben. Mithilfe von Attrappenversuchen lassen sich Schlüsselreize gezielt analysieren. Ausgehend von einer naturgetreuen Attrappe wird deren Struktur schrittweise reduziert, bis die Reaktion nicht mehr ausgelöst wird.

Aufgabe

① Vergleichen Sie Mensch und Schimpanse hinsichtlich der Anatomie und der Funktionsweise des Kehlkopfes.

Basiskonzept Reproduktion

Lebewesen haben im Gegensatz zur unbelebten Natur die Fähigkeit zur Reproduktion, d. h. zur Fortpflanzung. Dabei geben sie Erbinformationen weiter: Leben erzeugt Leben. Durch die individuell begrenzte Lebenszeit resultiert daraus eine Abfolge von Generationen, die Möglichkeit zur Veränderung und damit auch zur Evolution schafft.
Dazu tragen verschiedene Mechanismen bei, in die der Mensch zunehmend mehr in seinem Sinne verändernd eingreift. Als Beispiele seien hier die Fachgebiete Gentechnik oder die Reproduktionsmedizin genannt.

Fortpflanzungsstrategien

Eltern investieren in ihren Nachwuchs. Das verursacht Kosten. Bestimmte Verhaltensstrategien gewährleisten einen möglichst effektiven Einsatz der begrenzten Kapazitäten. Dies kann sich darin äußern, dass sich eine Organismenart im Verlauf ihres Lebens selten fortpflanzt, dabei aber zum Beispiel durch Brutpflege viel investiert (z. B. Elefanten). Eine andere Organismenart kann mit weniger Aufwand häufiger viele Nachkommen haben (z. B. Frösche). Durch die Selektion wird jeweils der bestmögliche Kompromiss begünstigt. Ausschlaggebend sind fast immer ökologische Faktoren.

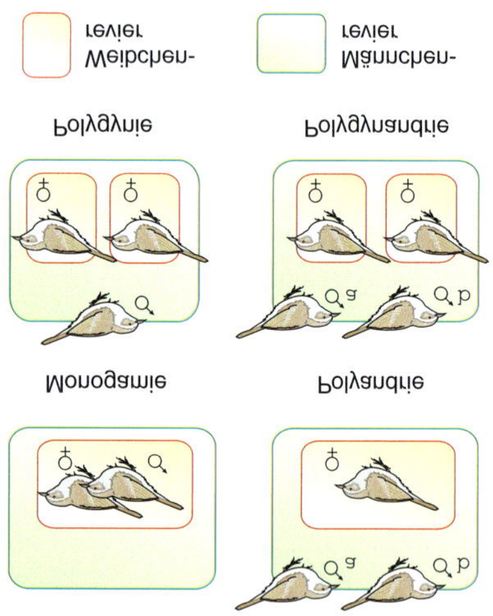

Auch die Paarungssysteme können sehr unterschiedlich sein. Manche Organismenarten, wie z. B. die Heckenbraunelle, können je nach Bedingungen unterschiedliche Sozialsysteme bevorzugen.

Basiskonzept Stoff- und Energieumwandlung

Lebewesen können nur existieren, indem sie ihrer Umwelt ständig Stoffe und Energie entnehmen, diese umwandeln und in anderer Form wieder abgeben. Es sind offene Systeme in einem Fließgleichgewicht. Dabei sind die meisten natürlichen Prozesse darauf abgestimmt, keinen „Abfall“ zu erzeugen und „rückstandsfrei“ zu arbeiten. Viele Produktionsverfahren der Menschen bauen mit Energieaufwand Rohstoffressourcen ab und setzen sie — wieder unter großem Energieaufwand — in Konsumgüter um, die dann zumindest teilweise auf Müllhalden landen.

Nachhaltigkeit

Das „Prinzip der Nachhaltigkeit“ bezog sich im 19. Jahrhundert nur auf die Forstwirtschaft. Es bedeutete, dass nur so viel Holz geerntet werden sollte, wie in dem jeweiligen Anbaugebiet nachwächst. Der Begriff steht heute für die Nutzung eines Ökosystems, ohne dessen Ressourcen zu erschöpfen. Da der Mensch dieses Prinzip häufig in bedrohlicher Weise verletzt, wurde erstmals 1992 auf der Umweltkonferenz in Rio de Janeiro eine „nachhaltige Entwicklung“ (sustainable development) eingefordert. Entsprechend der später formulierten Agenda 21 werden damit Produktionsmethoden bezeichnet, die neben sozialen und ökonomischen Aspekten auch an einem schonendem Umgang mit den Ressourcen der Erde orientiert sind, wozu auch die Vielfalt der Arten gehört.

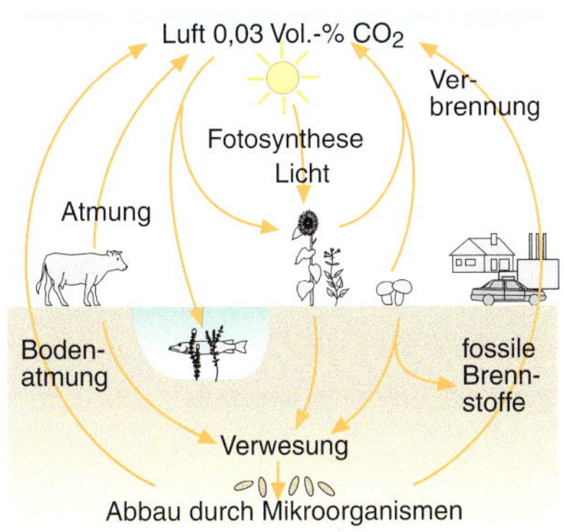

Basiskonzept Organisationsebenen

Lebensphänomene lassen sich auf verschiedenen Organisationsebenen erklären. Jedes Lebewesen kann man als einzelnes Individuum oder als Mitglied einer Gruppe betrachten. Alle Mitglieder einer Gruppe gehören einer Art an und bilden eine Population. Diese steht wiederum in enger Beziehung zu anderen Populationen, zusammen bilden sie eine *Biozönose*. Alle Lebewesen bilden mit ihrer unbelebten Umwelt ein nicht trennbares Wirkungsgefüge, das Ökosystem.

Ökologie

Die *Autökologie* betrachtet die Beziehungen des einzelnen Individuums zu seiner Umwelt. Autökologische Untersuchungen benötigen die lange Verknüpfung vor allem zur Physiologie.

Zur Umwelt eines Individuums gehören neben den abiotischen Umweltfaktoren des *Biotops* auch Artgenossen und Individuen anderer Arten. Die *Populationsökologie* stellt diese Perspektive in den Mittelpunkt.

Die zwischenartlichen Beziehungen der Lebewesen können sehr unterschiedlich sein: so können Individuen anderer Arten die eigene Vitalität fördern (z. B. durch Symbiose), aber auch hemmen. Diese Wechselbeziehungen der verschiedenen Arten untereinander sind das Thema der *Synökologie* oder *Ökosystemforschung*. Sie hat viele Verknüpfungen an die Populationsökologie.

Alle im gleichen Lebensraum vorkommenden Organismen stehen in vielfältigen Wechselbeziehungen und bilden eine Lebensgemeinschaft oder *Biozönose*. Biotope und Biozönosen bilden gemeinsam eine große funktionelle Einheit, das Ökosystem. Die Ökosysteme auf der Erde sind sehr vielfältig: es gibt Meeresökosysteme, Süßwasserökosysteme und eine große Vielfalt von Landökosystemen. Die Gesamtheit der Ökosysteme der Erde bildet die *Biosphäre*.

Aufgabe

① Definieren Sie die Begriffe Biotop, Biozönose, Ökosystem und Biosphäre und geben Sie je ein passendes Beispiel an.

Basiskonzept Information und Kommunikation

Lebewesen nehmen Informationen auf, speichern und verarbeiten sie und kommunizieren miteinander. Voraussetzungen sind eine gemeinsame „Sprache“ und geeignete Aufnahme-, Speicher- und Abgabemechanismen.

Das Wort „Information“ wird im Alltag unterschiedlich benutzt: Objekte wie z.B. eine CD *enthalten* Informationen. Organismen enthalten nicht nur Informationen, sondern *erhalten* sie auch. In der Ethologie kann man *Information* definieren als eine Mitteilung, die aus einer räumlichen oder zeitlichen Folge von Signalen besteht, die beim Empfänger eine bestimmte Reaktion hervorruft. *Kommunikation* ist eine wechselseitige, aufeinander abgestimmte Informationsübertragung. Sie kann sowohl zwischen Organismen als auch innerhalb eines Organismus und in der Zelle stattfinden.

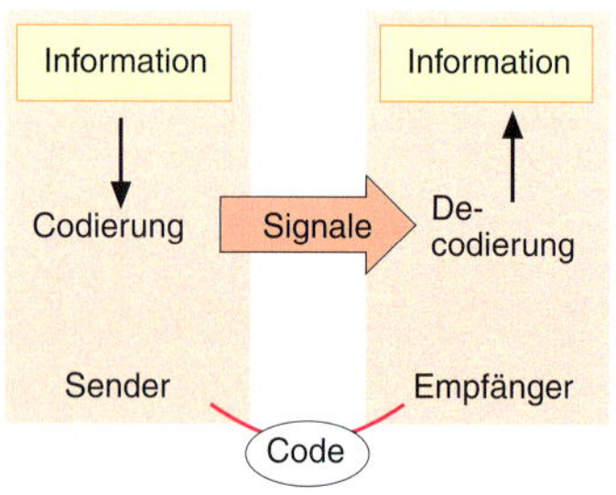

Sender und Empfänger

In einer Kommunikationskette geht vom Sender das verschlüsselte Signal aus, das beim Empfänger nicht nur ankommen, sondern auch entschlüsselt werden muss, d.h. Signale und Verarbeitungsmechanismen müssen aufeinander abgestimmt sein. Ein Beispiel dafür sind *Pheromone*. Diese Signalstoffe dienen der Kommunikation zwischen Individuen einer Art. *Bombykol* – der Sexuallockstoff des Seidenspinners – wird von den Weibchen produziert. Die entsprechenden chemischen Rezeptoren in den großen Antennen der männlichen Schmetterlinge reagieren noch auf äußerst geringe Konzentrationen der Substanz.

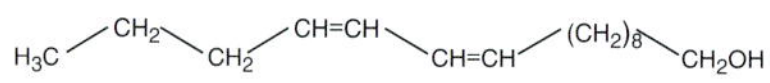

Strukturformel von Bombykol

Pheromonrezeptoren am Sinneshaar

Aufgaben

① Stellen Sie für je ein Beispiel aus der Verhaltensbiologie, Neurophysiologie, Genetik und Evolutionsbiologie dar, wie Sender und Empfänger aufeinander abgestimmt sind.

② Diskutieren Sie die Bedeutung der Signalfarben in den Balztrachten vieler Tiere. Vergleichen Sie diese mit der Funktion von Warnfarben.

③ Informieren Sie sich über Fälle des „betrügerischen“ Signalisierens im Tierreich und beschreiben Sie Beispiele dazu.

Basiskonzept Entwicklung

Lebendige Systeme verändern sich im Laufe der Zeit. Man kann hierbei zwischen der Individualentwicklung und der evolutionären Entwicklung unterscheiden.

„Nothing in biology makes sense except in the light of evolution.“ Dieser Satz von THEODOSIUS DOBZHANSKY (1900–1975) verdeutlicht, dass alle Beobachtungen in der Biologie letztlich durch Evolutionsprozesse erklärt werden können. Alle heute existierenden Arten einschließlich des Menschen haben einen gemeinsamen Ursprung. Über die Zeit betrachtet ist nur die Dauer der gemeinsamen Entwicklung unterschiedlich. Das Maß für diese gemeinsame Geschichte ist der Verwandtschaftsgrad.

Populationsentwicklung

Die Individuenzahl einer Population ist über einen längeren Zeitraum immer Schwankungen unterworfen. Die ursächlichen Faktoren können dichteabhängig (z.B. Nahrungsressourcen) oder dichteunabhängig (z.B. Katastrophen) sein.

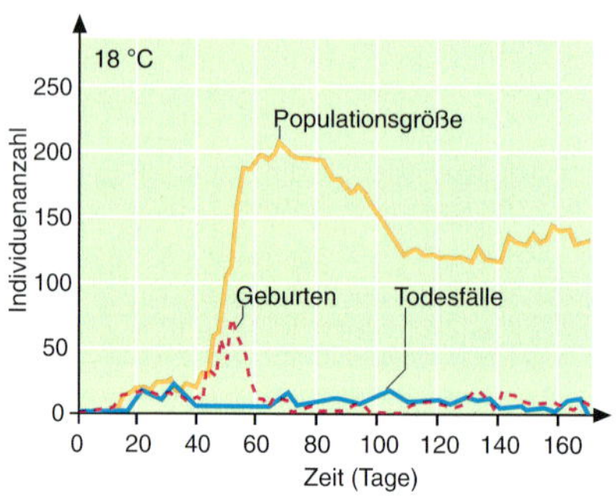

Aufgabe

① Der Bestand an Rebhühnern ist in den letzten Jahrzehnten deutlich zurückgegangen. Entwerfen Sie eine Versuchsanordnung, um in einem Feldversuch nachzuweisen, ob die Dichte der Rebhühner von Nahrung und Lebensraum oder von der Zahl ihrer Räuber abhängt.

Basiskonzept Variabilität und Anpassung

Betrachtet man die Gliedmaßen der Wirbeltiere und ihren Körperbau, so ergeben sich meist eindeutige Hinweise auf Lebensraum und Lebensweise. Eine derartige Beziehung zwischen Bau, Funktion und Umwelt gilt für alle Lebewesen. Als *Angepasstheit* wird sie dann bezeichnet, wenn eine Struktur und die damit verbundene Funktion das Überleben des Organismus fördert. Angepasstheit wird durch *Variabilität* ermöglicht und durch Selektion bewirkt. Einige Varianten erfüllen die Anforderungen der Lebensbedingungen besser als andere. Sind die Variationen genetisch fixiert, unterliegen sie der Selektion und bleiben bevorzugt erhalten oder sterben aus. Dadurch entsteht – im Verlauf vieler Schritte bzw. Generationen – die Angepasstheit bezüglich der augenblicklichen Umwelt.

Polymorphismus

Genetische Variabilität bedeutet, dass die Individuen in einer Population genetisch bedingt ein unterschiedliches Erscheinungsbild zeigen, aber keine Unterarten oder Rassen darstellen. Vergleicht man z. B. Hainbänderschnecken aus unterschiedlichen Lebensräumen, so stellt man fest, dass die verschiedenen Varianten in diesen Lebensräumen auch unterschiedlich oft vorkommen. Diese Entwicklungsstrategie erreicht durch ihre Vielfältigkeit eine Anpassung an verschiedenste Lebensräume.

Tarnung

Merkmale, die vor Fressfeinden schützen, verschaffen einen Selektionsvorteil. In der Natur lassen sich viele erstaunliche und wirksame Schutzeinrichtungen beobachten. Zahlreiche Tierarten haben eine Körperfärbung, durch die sie gut getarnt sind.

Dieser im Verlauf der Evolution erreichte Zustand der Angepasstheit wird häufig von dem Prozess der Anpassung unterschieden. Damit ist nicht eine schrittweise genetische Veränderung über mehrere Generationen gemeint, sondern die individuelle Anpassung, wie sie z. B. das Chamäleon demonstriert bzw. wie sie durch Modifikation hervorgerufen wird.

Aufgaben

1. Viele Krankheitserreger lassen sich durch Antibiotika nicht mehr bekämpfen. Beschreiben Sie den Prozess der Resistenzbildung und ermitteln Sie den Bezug zu Variabilität und Angepasstheit.
2. Vergleichen Sie die Umfärbung der Scholle, eines Hermelins und die Tarnfarbe eines Feldhasen unter dem Aspekt von Anpassung und Angepasstheit.
3. Erkundigen Sie sich über die Ursachen des Farbwechsels bei Chamäleons.

Basiskonzept Steuerung und Regelung

Organismen und Lebensgemeinschaften halten viele Zustandsgrößen weitgehend konstant, auch wenn innere und äußere Faktoren sich kurzfristig erheblich ändern. Durch *Regelung* wird erreicht, dass diese Größen in einem funktionsgerechten Rahmen bleiben. In Anlehnung an die technische Kybernetik wird der dabei angestrebte Wert als Sollwert bezeichnet. Für bestimmte Vorgänge ist es möglich, den angestrebten Sollwert gegebenen Veränderungen anzupassen. Während durch die Regelung ein Zustand aufrechterhalten wird, kann durch Steuerung die Intensität oder Richtung von Vorgängen geändert werden. Typisch für die Regelung ist die negative Rückkopplung. Die meisten Prozesse in der Natur sind weitgehend geregelt.

Pupillenreaktion

Der Pupillenreflex ist ein Beispiel einer Proportionalregelung: Bei verstärktem Lichteinfall verkleinert sich die Pupille, bei vermindertem Lichteinfall vergrößert sie sich jeweils entsprechend der augenblicklichen Regelabweichung.

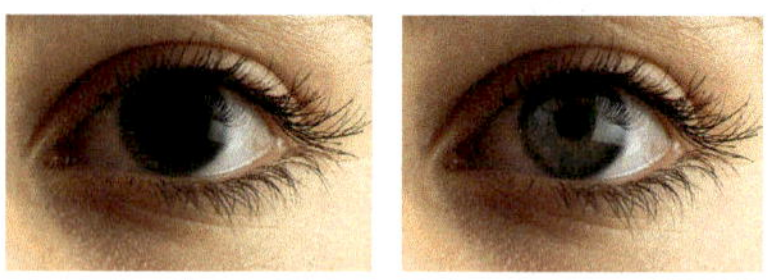

Im Unterschied zur einfachsten Form des Regelkreises enthält dieses System bereits ein Führungsglied. Es ermöglicht eine Verstellung des Sollwerts.

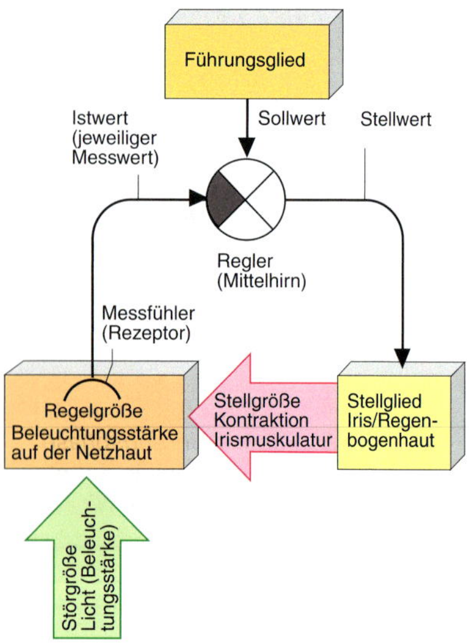

Vereinfachend lässt sich dies mit einer Wasserstandsregelung vergleichen.

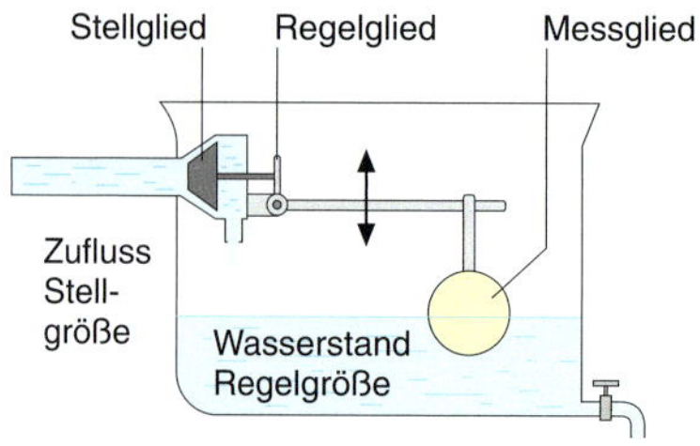

Automatische Wasserstandsregelung

Bernhard Hassenstein wandte in den 70er Jahren die Symbole der Regeltechnik auf Beispiele aus der Verhaltensbiologie an. Für das Instinktverhalten und verschiedene Lernformen entwickelte er sogenannte Funktionsschaltbilder, welche die vermutlich beteiligten Instanzen in Beziehung setzen und die Situation während des Lernens darstellen sollten.

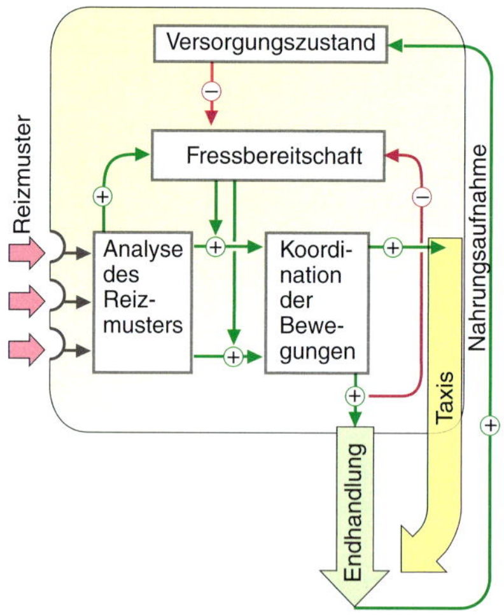

Populationsgrößen

Die Populationsgrößen verschiedener Arten einer Lebensgemeinschaft stehen miteinander in Wechselbeziehungen. Durch Rückkopplungen werden nur vorübergehend stabile Verhältnisse erreicht, die sich aber schnell entsprechend neuer Umweltbedingungen ändern können. Einen festgelegten Sollwert gibt es nicht.

Eine Zunahme der Individuenzahl verstärkt z. B. die innerartliche Konkurrenz um Ressourcen, führt zu einem Überangebot für Räuber oder Parasiten und zu einer erhöhten Gefahr der Ausbreitung von Infektionskrankheiten.

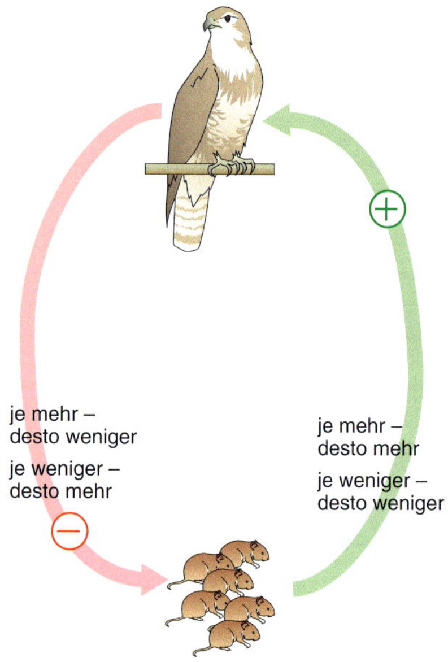

Aufgaben

1. Verdeutlichen Sie die Unterschiede zwischen Steuerung und Regelung an einem Elektro-Spielzeugboot mit Fernbedienung.
2. Das Prinzip der negativen Rückkopplung beruht darauf, Abweichungen von einem Sollwert durch Gegenwirkungen zu verringern oder vollständig zu kompensieren. Andere Modelle sind mechanische Gleichgewichte, Überlaufsysteme, chemische Pufferung oder „feed-forward-Systeme." Informieren Sie sich darüber und erläutern Sie die Unterschiede.
3. Beschreiben Sie das Funktionsschaltbild zur Nahrungsaufnahme und wenden Sie es auf das Beutefangverhalten der Erdkröte an.

Ökologie — der Mensch als Umweltfaktor

Biodiversität

Darunter versteht man die Vielzahl verschiedener Arten, deren genetische Vielfalt sowie die Mannigfaltigkeit der Lebensräume in einer Region.

Bioindikatoren

Ein Bioindikator (eine Zeigerart) ist eine Tier- oder Pflanzenart, deren Vorkommen in einem Lebensraum bestimmte Standort- und Umweltbedingungen (z. B. pH-Wert oder Gewässergüte) anzeigt.

Fortpflanzungsstrategien

Es gibt zwei Strategien, die sich vereinfacht mit dem Schlagwort „Quantität *(r-Strategen)* gegen Qualität *(K-Strategen)*“ beschreiben lassen. Zwischen r- und K-Strategen sind alle Übergänge zu finden.

r-Strategen
Organismen mit hoher Wachstums- und Sterberate und kurzer Generationsdauer. Sie können Ressourcen schnell nutzen, ihre Bestandsdichte kann jedoch stark schwanken (z. B. Wasserfloh).

K-Strategen
Lebewesen mit geringer Nachkommenzahl, die viel Energie in ihre eigene Existenz und die ihrer Nachkommen investieren. Dadurch sind sie konkurrenzstark und langlebig. Die Populationsgröße bewegt sich nahe der Umweltkapazität K (z. B. Haubentaucher).

Kommunikation

Unter Kommunikation versteht man die Signalübertragung von einem Sender zu einem Empfänger *(Sender-Empfänger-Modell)*.

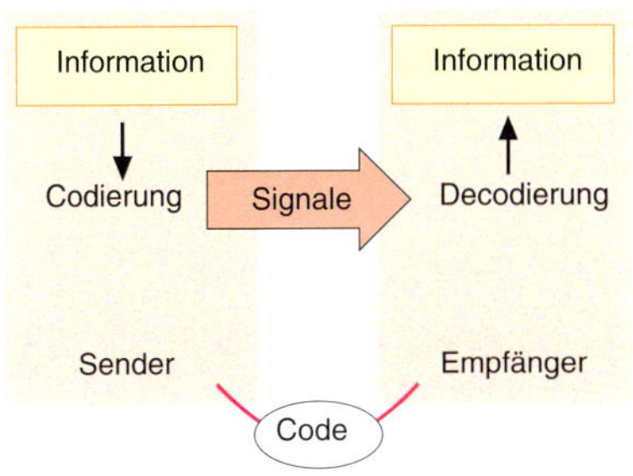

Situations- und biotopabhängig werden verschiedene Sinneskanäle genutzt. Man unterscheidet dabei z. B. akustische, chemische und optische Signalformen.

Logistisches Wachstum

Bei einer realen Population hängt die Wachstumsrate von der Versorgung mit Ressourcen ab. Die Population wächst, so lange genügend Ressourcen vorhanden sind. Langfristig schwankt die Populationsdichte um den Wert K, die *Umweltkapazität*. Die Ursachen für diese Schwankungen sind dichteunabhängige (z. B. Klimaveränderungen) und dichteabhängige (z. B. Nahrungsversorgung) Faktoren.

Populationsentwicklung des Menschen

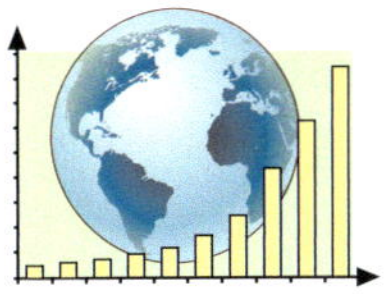

Man spricht von einem superexponentiellen Wachstum, da die Verdopplungszeit abnimmt. Mit dieser raschen Bevölkerungsentwicklung kommt es zur Verknappung der Ressourcen. Die sich daraus ergebenden Konsequenzen stellen für die gesamte Lebenswelt unseres Planeten ein akutes und umfassendes Problem der Gegenwart und nahen Zukunft dar.

Schlüsselreize beim Menschen

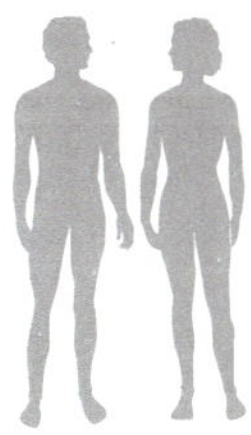

Auslöser im menschlichen Sozialverhalten sind z. B.
das Mann-Frau-Schema:
Beim Mann: breite Schultern, schmale Hüften, muskulöser Körper.
Bei der Frau: schmale Schultern und Taille, breite Hüften, runde Körperformen.
und das Kindchenschema:
große, runde Augen; hohe, gewölbte Stirn; Pausbacken; Stupsnase

Tier- und Pflanzentransfer

Unter *Tier-* und *Pflanzentransfer (biologischer Invasion)* wird der gesamte Prozess der Besiedelung eines neuen Gebietes durch gebietsfremde Organismen verstanden.

Umweltfaktoren

abiotische: Darunter versteht man alle Faktoren der nicht belebten Umwelt.
biotische: Das sind alle Faktoren der belebten Umwelt, welche sich aus den gegenseitigen Einflüssen der Lebewesen ergeben.

Wachstumsphasen einer idealisierten Population

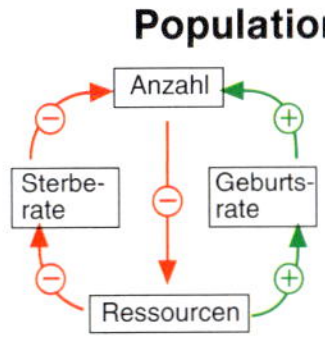

Die Population wächst nach einer *Anlaufphase* in der *Vermehrungsphase* exponentiell an und kommt in der *stationären Phase* zum Stillstand. Wird die Sterberate größer als die Geburtenrate, beginnt die *Absterbephase*.

Register

Bildnachweis

Fotos: U.1 Biosphoto (Ruoso Cyril), Berlin; U.2 Flora Press (Noack), Hamburg; 3.1 YOUR PHOTO TODAY (Visual_Written), Taufkirchen; 4.1 Waldemar Mandzel, Bochum-Wattenscheid; 4.2 TOPICMedia (Telegraph Colour Library), Putzbrunn; 4.3 Getty Images (STR/AFP), München; 4.4 Tierbildarchiv Angermayer (Hans Reinhard), Holzkirchen; 4.5, 6 Büro für Forstökologie/Horst Hooge, Gleichen-Benniehausen; 5.1 Okapia (Kittprempool/UNEP/Still Pictures), Frankfurt; 5.2 CCC, www.c5.net (Waldemar Mandzel), Pfaffenhofen a. d. Ilm; 5.3 Photoshot (nhpa/George Bernhard), Berlin; 5.4 Blickwinkel (R. Dirscherl), Witten; 5.5 Büro für Forstökologie/Horst Hooge, Gleichen-Benniehausen; 5.6 Blickwinkel (A. Hartl), Witten; 6.3 Tierbildarchiv Angermayer (Hans Pfletschinger), Holzkirchen; 8.2a Reinhard-Tierfoto, Heiligkreuzsteinach; 9.ZK iStockphoto (Nancy Nehring), Calgary, Alberta; 10.2 Naturfotografie Frank Hecker (Dr. Frieder Sauer), Panten-Hammer; 10.3 Okapia (Robert Groß), Frankfurt; 10.S Manfred Pforr Naturbild-Archiv, Langenpreising; 11.1 Imago (mm images/Vorbusch), Berlin; 11.2 Corbis (Robert Pickett), Düsseldorf; 13.S FOCUS (David Burnett), Hamburg; 14.1a Okapia (Falck), Frankfurt; 14.1b Helga Lade Fotoagentur (D. Rose), Frankfurt; 16.1 YOUR PHOTO TODAY (Visual_Written), Taufkirchen; 16.2 WILDLIFE Bildagentur GmbH (D.Harms), Hamburg; 16.Rd.1 Action Press GmbH (TRAX), Hamburg; 16.Rd.2 Imago (Lars Reimann), Berlin; 17.1a avatra images (avatra images/pw), Emmering; 17.1b laif (Pascal TORDEUX/Jacana/Eyedea Illustration), Köln; 17.1c mediaskill OHG Bildmaschine (Clarissa Höschel), Berlin; 17.2 WILDLIFE Bildagentur GmbH (W. Fiedler), Hamburg; 17.Rd.1 Picture Press (Bob Gibbons/Ardea), Hamburg; 17.Rd.2 WILDLIFE Bildagentur GmbH (D. Harms), Hamburg; 18.1 TOPICMedia (Siegfried Kerscher), Putzbrunn; 18.2 Prof. Dr. Jürgen Baumüller, Stuttgart; 18.S Corel Corporation Deutschland, Unterschleissheim; 19.3 Picture-Alliance (epa/Stefan Zaklin), Frankfurt; 20.1a Mauritius Images (imagebroker/Michael Peuckert), Mittenwald; 20.1b Okapia (Heinz Nienhaus/SAVE), Frankfurt; 22.1 Okapia (G. Büttner, Naturbild), Frankfurt; 24.1a Okapia (Detlef Lämmel), Frankfurt; 24.1b Okapia (Skip Moody), Frankfurt; 24.1c Okapia (Eduard Schäfer), Frankfurt; 24.1d Okapia (Winfried Wisniewski), Frankfurt; 24.1e Okapia (Dr. Peter Wernicke), Frankfurt; 24.2a Okapia (Jeffrey Rich), Frankfurt; 24.Rd.1 Okapia (L. Martinez), Frankfurt; 24.Rd.2 PantherMedia GmbH (Detlev Behrens), München; 24.Rd.3 Picture-Alliance (Science/David Nash), Frankfurt; 25.1 vario images GmbH & Co.KG (imagebroker), Bonn; 25.2a Nationalpark Bayerischer Wald, Grafenau; 25.2b Transit Archiv Fotoagentur (Peter Hirth/transit), Leipzig; 25.3a Deutsche UNESCO-Kommission e.V., Bonn; 25.3b Fotolia.com (Johanna Mühlbauer), New York; 25.3c all images direct (Bernd Pfeifer), Deisenhofen; 25.3d www.pixelio.de (Rainer Sturm), München; 25.3e Fotolia.com (Rolf Langohr), New York; 25.3f Bundesamt für Naturschutz, Bonn; 25.3g Bundesministerium für Umwelt, Naturschutz und Reaktorsicherheit (Europäische Kommission, Generaldirektion Umwelt), Bonn; 25.4a Tourismuszentrale Fränkische Schweiz, Ebermannstadt; 25.4b f1 online digitale Bildagentur (Berndt Fischer/AGE), Frankfurt; 25.5a Mauritius Images (imagebroker/Werner Otto), Mittenwald; 25.5b Naturpark Obere Donau e.V., Beuron; 26.1 f1 online digitale Bildagentur (Johnér Images), Frankfurt; 26.2 CCC, www.c5.net (Horst Haitzinger), Pfaffenhofen a. d. Ilm; 26.3a Fotosearch Stock Photography (Corel), Waukesha, WI; 26.3b Klett-Archiv (Aribert Jung), Stuttgart; 26.3c Picture-Alliance (ZB/Andreas Lander), Frankfurt; 26.S Imago, Berlin; 30.1 Blickwinkel (J. Meul-Van Cauteren), Witten; 30.2 Okapia (David Thompson/OSF), Frankfurt; 31.1 Getty Images (Stone/Laurie Campbell), München; 31.2 Okapia (Manfred Danegger), Frankfurt; 32.1a Tierbildarchiv Angermayer, Holzkirchen; 32.1b FOCUS (Susumu Nishinaga/SPL), Hamburg; 33.1 TOPIC Media (Gerhard Kalden), Putzbrunn; 33.2 Interfoto (imagebroker/jspix), München; 33.3 Fotolia.com (noyiil), New York; 34.1a/b Okapia (Ulla Spiegel), Frankfurt

Sollte es in einem Einzelfall nicht gelungen sein, den korrekten Rechteinhaber ausfindig zu machen, so werden berechtigte Ansprüche selbstverständlich im Rahmen der üblichen Regelungen abgegolten.